健康食光

【日】渡边真纪/著

奥兰格 周志燕/译

U0381185

日本名店的经典速食人气食谱

中国农业出版社

前言

我在制作腌菜的时候，
常常以奶奶和妈妈制作过的腌菜为参考。
我总能想起她们晾晒、腌制食物的工作场景，
以及摆放在冰箱中的那一排排装有各种腌制食物的瓶子。
我把我的创意融入到从小吃到大的腌菜中，
迄今为止已制作出很多种腌菜。

我认为，腌菜是一种活用素材、浓缩美味的食物。
因为它本身已很美味，所以无需添加其他佐料。
腌菜，或用盐腌制，或用醋和酱油浸泡，最好做得清淡些。
因为只有这样，才能广泛应用于日式料理、西式料理等各种料理中。

虽然我们日常生活中也有像梅干一样的以长期保存为目的的腌制类
食物，
但本书介绍的都是能应用于每日饭食和便当中的常见腌菜。
每一种腌菜都能搭配多种料理，
请大家务必尝试一下。

因为做饭是每日的必做功课，
所以最好是制作方法简单些、制作过程轻松些、制作出来的食物美
味些。
当你想到冰箱或食品架上还有"百搭腌菜"的时候，
轻松搞定一日三餐就不再是问题。

趁腌菜味道鲜美的时候将腌菜保存好后，
做饭时只需加入符合自己风格的味道，便可端上餐桌。
如果本书能为大家带来制作美食的灵感，将是我的无上荣幸。

渡边真纪

目录

冬

第3章
用家常调味料制作腌菜和米饭

第4章
可激起你做饭欲望的"三步"料理

本书提示

•1小匙为5毫升，1大匙为15毫升，1杯为200毫升。

•本书使用的八方汁、醋汁、海带汁、鲣鱼海带汁的制作方法，参考8-9页。

　鸡骨汤是市面上销售的味精经开水溶化后做成的调味料。

•本书使用的鸡蛋均为M号大小。

•书中标示的烹调时间为大概时间。
　请边观察边调整时间。

基础调味料与汤汁

　　八方汁（译注：一种加了酱油和甜料酒的汤汁，因用途广泛而得名）和醋汁，这两种汤汁对我而言，无论哪种都是不可或缺的存在。因为它们不仅可以为料理增香增色，还易于保存，所以堪称烹饪法宝。

　　如果时间宽裕，我们可以提前做好，以供随时食用。

八方汁

　　这是一种饱含自然矿物质的万能汤汁。它可以与任何料理相配，是我家的必备汤汁。当然，忙得不可开交时也可用酱油、面汁代替。请边尝味道边酌量调整汤汁。

> 在阴凉处可保存1~2月

酱油	2¹/₂杯
海带	20厘米×2片
干鲣鱼（厚切片）	50克
干香菇	3~4片
甜料酒	¹/₂杯
酒	¹/₂杯

1　将所有食材放入锅中，并浸泡一晚。用文火煮，待煮沸后关火，待其自然冷却。
2　冷却后，用笊篱过滤。
　*　八方汁中的海带、干制鲣鱼和干香菇，或做成佃煮（译注：一种把砂糖、酱油和海产品放在一起炖煮的源自江户时代的日式食物），或将其切碎后当做蒸饭的配料。无论哪种味道都十分鲜美。

 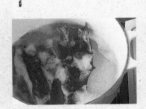 

醋汁

　　一种将醋煮沸后做成的汤汁，少了刺鼻的酸味，味道十分醇和。由于汤汁带有海带的甜味，所以如果将它用于沙拉或拌菜中，更可增添几分风味。

> 在冰箱冷藏室可保存约2周

● 成品约2¹/₂杯

米醋	2杯
海带	20厘米×2片
酒	60毫升
甜料酒	¹/₄杯
盐	2小匙

1　将所有食材放入锅中，用文火煮。待煮沸后关火，使其自然冷却。
2　冷却后，用笊篱过滤。
　*　醋汁中的海带，或切碎后与白菜、萝卜一起做成酱菜，或在将其切成2厘米块状后用180℃热油炸成海带片。无论哪种味道都十分鲜美。

海带汁

将海带放入装水的瓶子中搁置一晚，即可做成。
制作方法如此简单的海带汁，是提升美味的绝佳调味料。
在做汤或煮菜时，可代替水使用。

●成品约5杯

| 海带 | 20厘米×2片 |
| 水 | 5杯 |

将海带浸泡在水中后，
放入冰箱冷藏室中
搁置一晚。

＊在冰箱冷藏室可保存约3日。

以煮沸消毒的
方式清洗保鲜瓶

鲣鱼海带汁

如果想让料理的味道变得更浓烈一些，可以添加鲣鱼海带汁。
把蔬菜和干菜放在一起煮，味道会更加鲜美。
为了便于随时食用，建议将其分装成小份保存。

●成品约4杯多

海带	约5厘米×10厘米
	的海带1片
鲣鱼	20克
水	5杯

1　将水和海带放入锅中，用中火加热。在即
将沸腾前，如果看到海带的边缘出现小
泡，就把海带取出。

2　将中火改为文火，加入鲣鱼。待鲣鱼融入
海带汁后闭火，撇去浮沫。在鲣鱼沉入锅
底前放置不管。

3　用铺有厨房用纸的笊篱过滤步骤2的混
合物。

＊　装入保鲜瓶的成品，可在冰箱冷藏室中保存
约3日。
如果想要延长保存期，可以在将其分成小份
装入保鲜袋后，放入冷冻室保存。

装汤汁和调味料、常
备菜的保鲜瓶，请在煮
沸消毒后使用。把瓶子
和瓶盖放入大锅中，加
入足够多的水，用中火
加热。待沸腾后，再煮5
分钟，以达到杀菌的目
的。之后，用钳子或筷
子将其取出，放在抹布
上自然风干。我家一般
用搪瓷盆煮保鲜瓶。搪
瓷盆不仅开口大，可放
入很多瓶子，而且可以
直接放在火上煮，十分
便利。

油

主要使用菜籽油。菜籽
油的优点是，即使放置时间
较长也不易变质，不论是制
作油炸食物还是炒菜，都能
轻松搞定。也可以使用色拉
油，但最好使用菜籽油。

盐

使用自然盐。如果在做
鱼、海藻菜时放入粗盐，在
炒蔬菜、肉菜时放入岩盐，
就更能衬托出食材的美味。
带有海水味道的藻盐和在晾
晒梅干时提取的梅盐，非常
适合制作饭团。

第1章

我家晚饭的食谱单

因为做饭是每日的必做功课，所以我想尽量轻松、快乐地完成。所以在食材中加入腌菜的方式设计食谱，是我家的做饭风格。我发现，融入各个季节美味的腌菜和当季新鲜蔬菜是餐桌上的一对完美组合。

1号菜单

蔬菜满满
春日里的西式晚饭

青豌豆的绿色与番茄的红色，是春季至夏季餐桌的经典搭配。我平时一般不把水果拌入凉拌菜中，但拌有土当归和葡萄柚的凉拌菜除外。土当归拌葡萄柚的清爽味道，请一定要品尝一下。

今日食谱（2~3人份）

- 含盐黄油煮青豌豆和香肠
- 洋葱汁拌松伞蘑和番茄
- 土当归拌葡萄柚
- 用腌毛豆制作而成的清爽浓汤
- 面包

洋葱汁拌松伞蘑和番茄

用洋葱万能汁腌制新鲜的番茄和水灵的松伞蘑，即可做成。
如果在上面铺一层面糊，也会很美味。

新洋葱万能调味汁（参照32页）　3大匙
番茄（大）　1个
松伞蘑　4个
荷兰芹　少许
盐、胡椒粉　各少许

1　将番茄切成1.5厘米厚的大块。在去除松伞蘑的根部后将其清洗干净，切成5毫米厚的小片。
2　将切好的番茄和松伞蘑放入碗中，加入用新洋葱制作而成的万能汁和切成碎末的荷兰芹。将其快速拌匀后，撒入盐和胡椒粉。

含盐黄油煮青豌豆和香肠

连皮炖煮新上市的土豆，可以煮出春日独有的味道。
无需去除涩味和提前准备的腊肠是炖煮类料理的可靠搭档。

新土豆	5个	白酒	1/4杯
洋葱	1/2个	盐	1/3小匙
青豌豆（带豆荚）		胡椒粉	少许
	200克	橄榄油	1小匙
香肠	4根	黄油	20克

1　将土豆切成2等份，洋葱切成3等份。剥去青豌豆的外壳。
2　将橄榄油倒入锅中，用中火快速翻炒土豆和洋葱。
3　当橄榄油浸润锅内所有食材后，加入白酒和盐。待煮沸后，改用文火约煮8分钟。
　加入青豌豆、香肠、黄油后煮3~4分钟。煮好后撒上胡椒粉。

土当归拌葡萄柚

由两种食材的微苦味调和而成的清爽水果
沙拉。
请好好享用松脆的土当归。

土当归　1根
葡萄柚　1个

A | 白酒醋（用醋也可）　2大匙
  | 甜菜糖（用其他砂糖也可）　2小匙
  | 盐　1小匙

1 将土当归削皮并切成长方块后，撒上
　醋水（分量外）。
2 去除葡萄柚的外皮和包裹在果肉外的
　薄皮后，取出果肉。
3 将沥去水分的土当归与葡萄柚果肉拌
　在一起后，加入A调料混合物迅速拌
　匀。盛入器具中，撒上胡椒粉。

（＊土当归为五加科植物食用楤木的
根茎，分布于湖北、安徽、江西、广
西、福建及台湾等地。）

用腌毛豆制作而成的
清爽浓汤

将毛豆和豆浆混合在一起的"毛豆+
豆汤"。
毛豆汤汁的独特味道为这份浓汤增添了几
分鲜味。
若时值炎炎酷暑，建议冷藏后饮用。

腌毛豆（参照42页）　80克
腌毛豆中的汤汁　1/2杯
水　1/4杯
豆浆（普通成分）　1½杯
盐　少许

1 将腌毛豆和腌毛豆中的汤汁放入锅
　中，加入水后用中火炖煮。
2 煮沸后闭火、加入豆浆。接着用搅拌
　机将其搅拌细腻。
3 将搅拌细腻的汤汁返回锅中用文火炖
　煮，并加盐调味。在即将煮沸前闭火。

2号菜单

蔬菜满满
秋日里的日式晚饭

　　在新米非常美味的这个季节，
搭配米饭的料理真让人念念不忘。

　　今天我要使用大量牛蒡和蘑菇等味道浓厚
的食材进行烹饪。

　　近来备受关注的盐曲（一种调味料，可在
超市买到），或用来腌制，或用来凉拌，可用
于各种料理中。

今日食谱（2~3人份）

- 白芝麻和豆腐拌海带汁腌牛蒡
- 菠菜拌菊花
- 盐曲渍金枪鱼拌香味蔬菜
- 酱汁拌栗子蘑和油炸豆腐
- 裙带菜米饭

白芝麻和豆腐拌海带汁腌牛蒡

这是一道加了绢豆腐的奶白色凉拌菜。
由于牛蒡十分柔软，
所以小孩儿也能吃。

海带汁腌牛蒡（参照70页）　2根
豆腐　　　1/2块（100克）
白芝麻　　2小匙
芝麻酱　　1 1/2大匙
八方汁　　1小匙

1　将牛蒡切成5厘米长的条状，较粗的
　　牛蒡对半切开。
2　将白芝麻放入研钵中研磨。磨碎后，
　　加入芝麻酱和八方汁边研磨边搅拌。
3　将豆腐添入研钵中。将豆腐搅拌至润
　　滑状态后，加入切好的牛蒡。盛入容
　　器中，撒上少许白芝麻。

菠菜拌菊花

一道用三杯醋［译注：一种用料酒（或
糖）、酱油、醋各一杯合成的调味佐
料］将菠菜和菊花的微苦味融合在一起
的美味拌菜。如果将它作为餐桌上的点
缀，非常漂亮。

菠菜　　1/2把
菊花（干燥）　3克（若使用新鲜菊花
则需15克）
A ┃八方汁　1小匙
　┃米醋　　1小匙
白芝麻　　　　少许

1　在菠菜根部切十字切口，用流水洗
　　净后放入笊篱中。
2　在沸腾的水中加入少许盐，加入菠
　　菜煮1分钟。煮好后过冷水，用笊篱
　　沥去水分。将菠菜切成适宜入口的
　　长度。
3　将菊花放入水中浸泡5分钟。泡开后
　　拧干。
4　用A调料混合物与菠菜、菊花混拌一
　　起。盛入器皿中，撒上白芝麻。

盐曲腌金枪鱼拌香味蔬菜

只要用盐曲腌制，即使是特价出售的金枪鱼，也能做成口感醇厚润滑的上品菜肴。
这款料理是喝日本酒和烧酒时的最佳下酒菜。

＊制作方法见87页

酱汁拌栗子蘑和油炸豆腐

加有大量油炸豆腐的酱汁显得特别饱满。
用栗子蘑熬出的汤汁，十分香浓可口。

栗蘑	50g
油炸豆腐	1/2块
鲣鱼海带汁	2 1/2杯
大酱	2大匙
小香葱	2根

1　将栗蘑掰成适宜入口的小片，用热水浇淋油炸豆腐。待豆腐去油后，将其切成5毫米宽的小块。
2　将鲣鱼海带汁放入锅中，用中火炖煮。煮开后加入栗蘑和豆腐，待煮沸后改用文火。
3　改用文火后，加入大酱，并在即将沸腾前闭火。盛入器皿中，撒上香葱末。

裙带菜米饭

这是一种可以与任何一种日式菜肴搭配的清淡混合饭。
将裙带菜磨碎后，你便可闻到裙带菜的香味。

米饭	2碗
裙带菜（干燥）	3克
盐	1/4小匙

1　将裙带菜放入研钵中研磨。将其磨成碎末状后，加盐拌匀。
2　将热米饭加入研钵中拌匀。

最适合做午餐的
拼盘饭

休息日吃早午餐或独自吃午餐时，可以将各种菜肴盛在一个盘子中。

如果在炒菜中加入香喷喷的芝麻酱和爽脆的萝卜干，搭配将更加均衡。

今日食谱（2人份）

酱炒鸡肉和牛蒡

这是一道让你胃口大开的大分量料理。

由于大酱容易煮焦，所以用文火慢慢熬制是做这道料理的诀窍。

酱渍鸡肉（参照105页）	3~4片
牛蒡	1/2根
蔓菁叶（切成碎末）	1棵
酒	2大匙
芝麻油	1小匙

1 轻轻甩去酱渍鸡肉上的酱汁后，将鸡肉切成3厘米厚的大块。

2 将牛蒡切成5毫米厚的斜薄片，放在水中浸泡。

3 将芝麻油倒入平底锅中，用中火加热。先放入沥干水分的牛蒡，待闻到香味后，再加入鸡肉翻炒，炒至鸡肉外表略泛焦黄。

4 来回翻炒后，加入酒，盖上锅盖焖煮。将中火改为文火，加入蔓菁叶约蒸煮5分钟。

芝麻拌扁豆

使用刚磨出来的芝麻，是制作这道拌菜的重中之重。

请把扁豆煮至有嚼头的程度。

扁豆	6根
白芝麻	2大匙
八方汁	1小匙

1 将掐去两端的扁豆放入锅中，加入少许盐，用热水约煮2分钟。用笊篱捞起后，将扁豆切成4等份。

2 将白芝麻放入研钵中研磨。待芝麻研磨成碎末后，加入八方汁和扁豆。

蔓菁拌绿紫苏叶

这道凉拌菜用娇嫩水灵的蔓菁制作而成。

日式风味的绿紫苏叶是这道凉拌菜的亮点。

蔓菁	2个	A	醋	2小匙
绿紫苏	3片		砂糖	1/2小匙
盐	1/3小匙			

1 将蔓菁对半切开后，带皮切成3毫米厚的小块。加入少许盐轻轻揉拌，待搁置3分钟后，轻轻沥去水分。

2 将A调料混合物和蔓菁、切成细丝的绿紫苏拌在一起。

羊栖菜米饭

由于酱渍羊栖菜容易存放，所以如果将其作为常备菜提前做好，做菜时将十分轻松。

建议用它做混合饭。

米饭	2碗
酱渍羊栖菜	2大匙

将沥去汁液的酱渍羊栖菜加入热饭中搅拌均匀即可。

酱渍羊栖菜

方便制作的分量

羊栖菜	15克	
A	酱油、酒	各1大匙
	水	1杯
	盐	1/2小匙

1 将羊栖菜放在水中浸泡约10分钟后，用笊篱捞出。沥干水分后，装入保鲜容器中。

2 将A调料混合物放入锅中煮沸后，趁热倒入羊栖菜。

＊搁置一晚即可食用。

在冰箱冷藏室中可保存约3周。

煎鸡蛋

将油倒入平底锅中，用中火加热。待锅底变热后，打入鸡蛋，将其煎至半成熟。

4号菜单

忙碌时方便制作的
简单饭菜

　　只需混拌腌菜和相关食材便能做成的拼盘饭，因为无需加热，所以炒锅、平底锅等器具一律不需要。这种以蔬菜为主打的料理拼盘饭，可以减轻我们做饭的压力，是忙碌日子里的最佳选择。

今日食谱（2人份）

芥末拌胡萝卜

只需加入芥末，
就能把胡萝卜拌菜做成具有西式风味的美味料理。
这是一道不错的配菜，可以尽情享用。

韩式胡萝卜泡菜（参照64页的做法·切成细丝）	1杯
芥末	2小匙
盐	少许

将胡萝卜泡菜和芥末混拌均匀后加盐调味。

芝麻菜拌油梨

这既是一道味道清爽可口的绿色凉拌菜，也是一道有助于重新调整身心的放心料理。

芝麻菜	50克
油梨	1/2个
特级初榨橄榄油	1大匙
盐、胡椒粉	各少许

1 清洗芝麻菜，将其切成适宜入口的大小。
2 将油梨切成1厘米厚的小块后，与芝麻菜混拌一起。浇上橄榄油，撒上盐和胡椒粉。

生火腿沙拉饭

用生火腿的咸味和西洋醋的酸味调味而成的沙拉饭，
简单易做，无需任何技巧。
好好享受沙拉米饭的味道吧！

火腿		2片
彩椒（黄色）		1/2个
黄瓜		1/2根
A	特级初榨橄榄油	1大匙
	白酒醋	1.5大匙
	盐、胡椒粉	各适量
米饭	2碗	
松子	适量	

1 将火腿、彩椒、黄瓜切成粗碎末。将A调料混合在一起。
2 将步骤1的食材和松子加入热饭中，以切拌的方式混拌均匀。如果火腿不够咸，可以加盐调味。适当多加点胡椒粉，并搅拌均匀。

5号菜单
用来款待朋友的
美味饭菜

　　招待好朋友吃饭时，应以容易分成份儿的料理为主打料理，应在饭菜的摆设上花些精力。今天我用油梨、大豆、粗粮和鱼贝等深受女性喜爱的食材制作料理。如果甜食也用提前做好的腌菜制作，短时间内便能搞定一顿饭。

- - - - - - - - - - - - - - - - - -
今日食谱（4~5人份）
- - - - - - - - - - - - - - - - - -

· 暴腌小萝卜
· 腌茄子
· 方头鱼红肉片

· 用黑米和毛豆制作而成的一口饭团
· 南瓜茶巾绞（译注：一种日式甜点）
· 香草虾
· 黑豆柿子甜点

暴腌小萝卜

味道清爽的小萝卜，无论是作为加在两味主菜间的小菜，还是餐桌上的点缀，都是一款不错的料理。

小萝卜　　10个
盐　　　　1小匙
醋汁　　　1杯

1. 将小萝卜清洗干净后，从纵向切入，切出2毫米宽的切口。撒上盐，腌制约20分钟。
2. 沥干小萝卜的水分后，用醋汁腌制（腌制半日即可）。

腌茄子

如果已提前做好腌茄子，那么只需花些精力设计一下菜品的摆放样式。可以和大头鱼红肉片一起食用。

腌茄子（参照60页）
　　　　　5~6个
盐　少许

1. 沥去腌茄子的汁液后，将其切成纵向3mm厚的小片，并卷成卷状。
2. 盛入容器中，撒上盐。

方头鱼红肉片

这道料理味道清淡，可以直接品尝出食材的自然美味。请一定用上等好油调制。

方头鱼　　　　　　200克
小番茄　　　　　　4~5个
帕马森干酪　　　　15克
特级初榨橄榄油　　适量

1. 将方头鱼削成薄片，在放上切成5毫米厚圆片的小番茄后将其卷成团儿。
2. 将卷成团儿的方头鱼摆放在餐盘上，撒上盐、削成小片的帕马森干酪、橄榄油。

用黑米和毛豆制作而成的一口饭团

为了与南瓜茶巾绞搭配，
我把饭团也做成球状。
紫色的黑米与绿色的毛豆互
相映衬，显得十分可爱。

腌毛豆（参照42页）　1/2杯
白米　2盒（译注：约合1/5
升）
黑米　1大匙
盐　1小匙

1　把淘过的白米和黑米放在
　　一起煮。
2　将沥去汁液的腌毛豆和盐
　　放入米饭中搅拌。待搅拌
　　均匀后，将其卷成乒乓球
　　大小的饭团。

南瓜茶巾绞

只需将甜煮南瓜碾碎，便能
做成茶巾绞。
不仅制作方法简单，而且外
形可爱，深得大家的喜爱。

甜煮南瓜（参照58页）　2杯
松子　　　　　　　　　适量

将甜煮南瓜碾成粗碎末后，
卷成乒乓球大小的球状物。
将其放在保鲜膜上后，挤出
褶皱状，点缀上松子。

黑豆柿子甜点

用两种腌菜制作而成的简单
甜点。
加点朗姆酒，
可以为其增添几丝清爽感。

甜煮黑豆（参照124页）　1杯
腌柿子（参照82页）　　1杯
腌柿子的汤汁　　　　　适量
鲜奶油　　　　　　　　1/2杯

将沥去汁液的甜煮黑豆和腌柿
子、腌柿子汁按等份装入数个
器皿中，浇上刚出炉的6分熟
的鲜奶油。

香草虾

带壳的虾不仅味道更鲜美，
而且外形更美观。
请边用手剥去虾壳边愉快地
享用。

虾　　　　　　　20尾
太白粉　　　　　2大匙
橄榄油　　　　　1大匙
大蒜　　　　　　1瓣
白酒　　　　　　3大匙
百里香草　　　　3枝
迷迭香　　　　　2枝
盐、胡椒粉　　各少许

1　带壳去除虾的背筋，撒
　　上太白粉。待用流水搓
　　洗干净后，拭去虾表面
　　的水分。
2　将橄榄油和碾碎的大蒜
　　放入平底锅中，用中火
　　加热。待闻到香味后，
　　加入虾翻炒。
3　加入白酒和香草（百里
　　香草和迷迭香）翻炒，
　　直至汁液消失、虾表面
　　略泛焦黄为止。最后撒
　　上盐和胡椒粉。

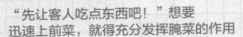

"先让客人吃点东西吧！"想要迅速上前菜，就得充分发挥腌菜的作用

　　我家聚餐的惯例是，提前在桌上放好几盘前菜和面包。如鸡肝糊（参照107页）和醋渍辣椒（参照89页）、猪肉酱（参照101页）和菜花泡菜（参照72页）等，既有在市场上买的现成品，也有自己加工制作的。我觉得，比起现成品，自己做的料理更能提升"款待客人的心意"。前几日准备好的前菜，只需当日盛入器皿即可。准备主菜则在朋友们一边吃前菜一边聊天之时。

小贴士

用腌菜
款待客人

　　在家招待客人时，想要当日从零开始制作所有料理，绝非易事。如果能恰当好处地发挥腌菜的作用，就能大幅度缩短做饭时间。由于在腌菜的基础上稍稍加工而成的料理也非常容易制作，所以我视腌菜为宝物。

以肉菜为主打料理，既能减轻做饭负担，又能让餐桌显得高档。

　　招待客人的主打料理，我还是首选肉菜。因为放在锅中炖煮的肉菜无需寸步不离地看着，所以我常常为此感到高兴。比如在已渗入香料香味的八角酱油腌猪肉（参照97页）中加把切成丝的大葱，在经过2~3日腌制的颇有风味和嚼头的盐曲腌鸡肉（参照85页）中加一些切成大片的白菜等，不论哪一种都可以连锅端上餐桌。听到掀开锅盖时众人发出的欢呼声，也是一种享受。

清新的香草味可以提升款待客人的质感！

　　我们在制作待客料理时，总想着制作一些"与以往不同的特别料理"。在这种时候，我认为可以借助香草和香料的力量。如茴香拌大虾和黄瓜（参照103页）以及油渍沙丁鱼（参照101页）等，不仅是不错的下酒菜，还很受朋友的欢迎。

第2章

用应季蔬菜
制作腌菜和米饭

每次去蔬菜店，

总都能看既便宜又新鲜的当季蔬菜。

那么，这些让我们惊呼"哇，看起来很好吃"的新鲜娇嫩的
蔬菜，

用什么方法才能长期保存呢？

抱着这个疑问，我开始反复试验。

在历经多次失败后，终于研究出了这些腌菜料理。

提前做好放入冰箱保存，并在每次做饭时拿出来使用，

可以让你在做饭时充满底气。

在这个因寒冷而卷缩成一团的身体终于可以自由舒展的美丽季节，

新鲜娇嫩的蔬菜整齐地排放在货架上。它们仿佛在说"我在等你把我买回家"。

请尽情享用嫩芽刚冒出时的蔬菜美味吧！

半成品

盐渍卷心菜

卷心菜一年四季都有，但唯独春季的柔软、水分多。

让做出来的卷心菜有嚼头的诀窍是，把卷心菜粗粗地切成丝。

用醋腌制而成卷心菜，酸味会越来越浓烈，而这也是一种独特的味道。

方便制作的分量

卷心菜	1/2个
盐	2小匙
醋	1/2小匙

1. 将卷心菜切成粗丝。沥干水分后，撒上盐。
2. 放入保鲜瓶，撒上醋。

盐渍卷心菜

01
02
03

在冰箱冷藏室中可保存约2周

01. 卷心菜炖鸡肉

可以用盐渍卷心菜的咸味代替调味料。
这种咸味更能衬托出炖煮类料理的美味。

2人份

盐渍卷心菜	80g
鸡腿肉	1/2块
洋葱	1/2个
酒、水	各1/2杯
粗黑胡椒粉	适量

1. 将鸡肉去皮后，切成适宜入口的大小。将洋葱切成月牙形。
2. 将鸡肉、洋葱、盐渍卷心菜、酒和水放入锅中，用中火加热。待沸腾后，去除浮沫，再约煮10分钟。煮好后，撒上胡椒粉。

02. 法式卷心菜咸派

这款仿佛是出自法国小镇某家小餐馆的卷心菜咸派，特别有春日的气息。建议作为早餐食用。

直径为10厘米的圆锅 1个

盐渍卷心菜	80g
冷冻派坯子	1/2张
洋葱	1/2个
胡萝卜	1/3根
鸡蛋	1个
生奶油	1/4杯
胡椒	少许
埃文达干酪（用比萨专用奶酪代替也可）	60克

1. 将冷冻派坯子切成圆锅大小，用压板压住后放入200℃的烤箱中烘烤约15分钟。
2. 将切成薄片的洋葱、胡萝卜与盐渍卷心菜、鸡蛋、生奶油、胡椒混拌一起后，放入步骤1中。
3. 放上切成2毫米厚的埃文达干酪，在200℃的烤箱中烘烤约25分钟。

03. 卷心菜炖干萝卜

卷心菜配干萝卜，可以做一道日式家常菜。
吃着有嚼劲的干萝卜，你的心情一定会很好。

2人份

盐渍卷心菜	50克
干萝卜	20克
生姜	1块
胡萝卜	1/3根
鲣鱼海带汁	2杯
白芝麻	1大匙

1. 用稍盖过卷心菜的水将卷心菜浸泡约5分钟后，沥干水分。将干萝卜用水泡开，并沥干水分。将生姜、胡萝卜切成细丝。
2. 将步骤1的食材和鲣鱼海带汁放入锅中，用中火约煮10分钟。煮好后，撒上白芝麻。

干笋

春

风味独特、有嚼头的竹笋是春季具有代表性的美味。
在可以大量买入的时候或竹笋的收获季节，一定要晒干保存。
只要花些时间泡开干笋，就能在任何季节享受竹笋的美味。

方便制作的分量

煮过的竹笋	1根
盐	1大匙
水	1升

常温下可保存1年以上

1. 将煮过的竹笋切成7~8毫米厚的薄片，放入加了盐的水中浸泡约2小时。
2. 将沥去水分的竹笋排列在笊篱中后，放在通风良好的地方晾晒3天，实际在外时间为1天8小时（夜里拿进屋内，仅最后一晚放在外面吸收夜露）。
3. 待竹笋彻底变干后，放入瓶中保存。

干笋 → 01
02
03

泡干笋的方法

放入加了1大匙盐的1升水中约浸泡3日。每日换一次水，每次换水都加1大匙盐。

煮笋的制作方法

1. 斜着切去生笋的笋芒后，以纵向切入的方式去皮。
2. 将竹笋和稍盖过竹笋的淘米水、红辣椒放入锅中，用中火加热。待水沸腾后，

转用文火约煮2小时。煮好后，放在锅中自然冷却。
3. 冷却后倒去锅中的水，将竹笋放在清水中浸泡2~3小时，撇去浮沫。

01. 竹笋饭

一提到竹笋，我便想起了这道食谱。
尽量少放其他食材，以便能尽情享受竹笋的香味。

4人份

干笋（泡开后）	2/3杯
胡萝卜	1/2根
生姜	1块
白米 2盒（译注：约为0.2升）	

A ┌ 海带汁　　380毫升
　├ 八方汁　　1/2小匙
　└ 酒　　　　2小匙

1. 将竹笋、胡萝卜切成细条，将生姜切成细丝。
2. 将淘好的米放入锅中，并加入步骤1的食材和A调料混合物后，浸泡30分钟~1小时。
3. 盖上锅盖，用大火加热。待沸腾后，用文火约煮15分钟。闭火后，再焖约15分钟（若用电饭锅煮饭，则正常煮即可）。
4. 盛入器皿中，放上花椒芽点缀。

02. 花椒煮竹笋和油菜花

这道料理不仅色彩搭配漂亮，还富有春日的气息。
加入花椒后，味道瞬间变得浓厚起来。

2人份

干笋（泡开后）	2/3杯
胡萝卜	1根
油菜花	5~6棵
水	1/2杯
酒	1大匙
花椒（水煮）	1大匙
八方汁	1小匙

1. 将胡萝卜切成7~8毫米厚的圆片后，将圆片周边刮圆。将油菜花切成等长的两段。
2. 将水、酒、竹笋、胡萝卜放入锅中，用中火加热。待沸腾后，放入山椒和八方汁再约煮7分钟。
3. 放入油菜花，再约煮2分钟。

03. 竹笋粉丝汤

一品可以同时品尝到竹笋的松脆
和粉丝的润滑的暖胃汤。

2人份

干笋（泡开后）	2/3杯
粉丝	10克
鸡骨汤	3杯
酒	2大匙
盐、胡椒粉	各少许

1. 将竹笋切成细条，将粉丝用水泡开。
2. 将鸡骨汤、酒和步骤1的食材放入锅中。待煮开后放入盐和胡椒粉调味。
3. 盛入器皿中。如果条件允许，可以用鸭儿芹等菜叶做点缀。

半成品

新洋葱万能调味汁

又白又厚的新洋葱是早春独有的美味。
将新洋葱浸泡于醋中，可以减少其特有的辛辣味。而且随着时间的推移，不断增加的甜味，最终会变得十分柔和。建议选择色泽好、外形齐整的洋葱。

方便制作的分量

新洋葱（大）1个	
醋	1/2 杯
盐	1小匙
胡椒粉	少许
菜籽油	1/2 杯

1. 将洋葱对半切开，一半磨成碎末，一半切成细丝。
2. 加入醋并搅拌均匀后，撒上盐、胡椒粉，倒入油。

新洋葱万能调味汁

01
02
03

在冰箱冷藏室中可保存约10日

01. 花柏洋葱汁

利用热气蒸熏而成的洋葱汁，略带一点甜味。
它与味道清淡的鱼贝类料理十分相配。

2人份

新洋葱万能调味汁	4大匙
鲅鱼	2片
酒	1/2 大匙
八方汁	1/3 小匙

将花柏叶铺在耐热器皿上，倒上新洋葱万能调味汁、酒和八方汁。将器皿放入蒸笼中用大火蒸煮约10分钟。

02. 洋葱蒸蛤仔

这虽是一品无需任何技巧便能做好的简单料理，但味道十分经典。
它与带葡萄酒的餐桌十分相配。

2人份

新洋葱万能调味汁	4大匙
蛤仔	300克
大蒜	1瓣
橄榄油	1/2 大匙
白酒	80毫升
柠檬汁	1/3 个柠檬的分量
柠檬（薄片）	适量

1. 将蛤仔去除沙粒、清洗干净。将大蒜切成碎末。
2. 在平底锅中倒入橄榄油后，加入大蒜、蛤仔用中火翻炒。待闻到香味后，放入新洋葱万能调味汁、白酒，并盖上锅盖。
3. 待蛤仔开口后闭火，加入柠檬汁，放上柠檬薄片。

03. 新洋葱拌水芹

如果想要品尝洋葱的清新味道，
请尝试制作这道凉拌菜。

2人份

新洋葱万能调味汁	3大匙
水芹	1把
八方汁	1/3 小匙
核桃	适量

1. 将水芹对半切开。
2. 将水芹与新洋葱万能调味汁、八方汁拌匀，加入磨成碎末的核桃（请在食用前加入核桃，以避免核桃吸收的水分过多）。

大蒜泥

用牛奶煮柔软的新大蒜，
其香味也会变得十分柔和。
这是一种能用于面食和肉类料理的万能调味料。
请选择没有发芽、没有长根、大蒜瓣饱满的优质大蒜。

方便制作的分量

大蒜	1头
白酒（日本酒也可）	1杯
盐	1小匙
牛奶	1/2杯

1. 去除新大蒜的外皮和芽。
2. 将白酒、盐、新大蒜放入锅中，用文火煮至锅内剩下1/3的汁液。
3. 加入牛奶，再约煮10分钟。煮好后，将锅内混合物放入手动搅拌器或研钵中研磨，研磨至汁液变得润滑即可。

在冰箱冷藏室中可保存约1个月

大蒜泥

02

01　03

春

01. 鲣鱼大蒜汁

大蒜片和鲣鱼素来是最经典的搭配。
如果使用大蒜泥，鲣鱼的味道会更加醇和。

2人份

鲣鱼	1/2片		大蒜泥	1小匙
大葱	10厘米		八方汁	1小匙
蘘荷	1个	A.	米醋	2小匙
			生姜	1块

1. 将鲣鱼串在铁钎子上后，直接放在火上烤，烤至鲣鱼表面略泛焦黄即可。用冷水冷却后，沥去水分。
2. 将大葱和生姜切成细丝。
3. 将A中的生姜切成碎末后，与A的其他调料混合。
4. 将鲣鱼切成8毫米厚的小片，放上葱丝、姜丝，倒入步骤3中的混合物。如果条件允许，可以用鸭儿芹做点缀。

美食

02. 大蒜炒青菜

青菜+大蒜，一对金牌组合。
用青梗菜或小松菜炒大蒜，也很美味。

方便制作的分量

大蒜泥	1小匙
乌塌菜	1把
芝麻油	2小匙
生姜	1块
盐、胡椒粉	各少许

1. 将乌塌菜切成适宜入口的长度后，放入冷水中浸泡。
2. 将芝麻油、切成薄片的生姜、大蒜泥放入平底锅中，用中火加热。待闻到香味后，改用大火加热，加入沥干水分的塌菜翻炒。加入盐和胡椒粉调味。

美食

03. 豆沙拉

大蒜泥的风味与豆类食物十分相融。
请搭配咖喱、肉类料理一起食用。

2人份

大蒜泥	1小匙
鹰嘴豆、红扁豆、大豆（均经过水煮）	各80克
黄瓜	1/2根
生姜	1块
醋汁	1小匙
盐、胡椒粉	各少许

1. 沥干鹰嘴豆、红扁豆、大豆的水分。
2. 将黄瓜切成小丁，生姜切成碎末。
3. 将步骤1和步骤2的食材和大蒜泥、醋汁混拌一起后，加入盐和胡椒粉调味。

半成品

蚕豆泥

因煮了很多而吃不完的蚕豆，如果做成蚕豆泥，可方便以后食用。由于带壳和不带壳的味道完全不同，所以一定要选择带壳的蚕豆。豆荚本身有张力，毛立起来是新鲜豆荚的标志。

在冰箱冷藏室中可保存约1周

方便制作的分量
蚕豆　约20荚
盐　1/2大匙

蚕豆泥

02

01　03

1. 剥去蚕豆的外壳，去除蚕豆上的黑色部分。在放了盐的开水中约煮3分钟后，剥去蚕豆上的薄皮。
2. 将步骤1的食材放入碗中、趁热撒上盐后，一边捣碎一边混拌。

美食

01. 蚕豆拌土豆

只需将刚出炉的土豆和蚕豆泥混拌一起，即可端上餐桌。
这是一品能让你品尝到春季食材之鲜美的凉拌菜。

2人份
蚕豆泥　2大匙
新土豆　中等大小2个

1. 将去皮的土豆放在水中约煮10分钟后，捣成粗碎末。
2. 趁热将蚕豆泥和土豆泥混拌在一起，让两者的味道紧密相融。

春

02. 蚕豆蒸蛋

这品蚕豆蒸蛋可以让你尽情享受蚕豆特有的暖暖风味。
绿色搭配黄色的色调组合，十分赏心悦目。

2人份

蚕豆泥	3大匙	
A: { 搅开的鸡蛋	1个	
{ 鲣鱼海带汁	1杯	
胡萝卜、蚕豆（点缀用）		各适量
鲣鱼海带汁	1/2 杯	
淀粉	1/2 小匙	

1. 将A中的鸡蛋和海带汁混拌一起后，用笊篱过滤。过滤完毕后，与蚕豆泥搅拌均匀。
2. 将装入器皿中的步骤1混合物放入蒸笼中，先用大火蒸煮2～3分钟，再用文火蒸煮8～10 分钟。蒸煮完毕后，用竹签扎表面，若无混浊汁液流出，即可端出。待冷却后，放入冰箱冷藏。
3. 将点缀用的胡萝卜用模具压出形状后，与蚕豆、鲣鱼海带汁一起放入小锅中，煮至沸腾。用淀粉勾芡，淋在步骤2成品的表面。

03. 蚕豆鳗鱼面

蚕豆泥与面条的融合度也很高。
它与鳗鱼的咸味十分相配。

2人份

蚕豆泥	3大匙
鳗鱼片	1片
大蒜	1瓣
橄榄油	1大匙
意大利式实心面	200克
胡椒粉	少许
盐	适量

1. 将切成碎末的鳗鱼和大蒜、1/2 大匙橄榄油放入平底锅中，用中火加热。
2. 在加了盐的开水中煮意大利式实心面。煮好后，将面条放入步骤1的平底锅中，并加入3大匙煮面汤。
3. 将蚕豆泥加入步骤2的平底锅中搅拌，加入胡椒粉调味。
4. 盛入器皿中，撒上剩余的橄榄油。

半成品

甜醋腌生姜

我们常常看到，不少人将醋拌黄瓜与萝卜泥的混拌物夹入汉堡包中。

其实，甜醋是在很多料理中都有的角色。

在含有大量水分、色泽光亮的新姜的上市季节，不妨多制作一些。

方便制作的分量

新姜　300克

A
醋	1杯
蜂蜜	3大匙
盐	1/2小匙

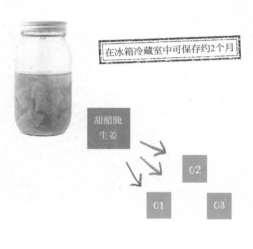

在冰箱冷藏室中可保存约2个月

甜醋腌
生姜

02

01　03

1. 将去皮的新姜切成2毫米厚的小片后，放入水中浸泡约10分钟。
2. 将A调料混合物放入锅中煮沸后，闭火。
3. 在另外一个锅中煮好开水后，将生姜片放入沸水中焯约10秒。用笊篱捞起后，趁热与步骤2的调料混拌一起。

美·食

01. 生姜散寿司饭

甜醋腌生姜，即日本人常说的"gari"。它是散寿司饭的经典配料。

4人份

甜醋腌生姜	80g
搅开的鸡蛋	2个
白米	2盒（译注：约为1/5升）
盐	1/2小匙
白芝麻	1大匙
紫菜	适量

1. 将甜醋腌生姜中的生姜切成细丝。
2. 在鸡蛋中放入少许盐后，摊成鸡蛋薄片。将鸡蛋薄片切成5毫米宽的长条。
3. 将米淘好后放入锅中煮熟。将步骤1的食材、盐与刚煮好的米饭以切拌的方式拌匀。放上步骤2的食材、白芝麻、紫菜。

春

美·食

02. 生姜虾仁韭菜馄饨

富有弹性的虾肉和爽口的姜丝，是非常完美的搭配。
醇和的甜醋酸味为这份馄饨增加了几分美味。

2人份

甜醋腌生姜	50g
韭菜	1/3 把
虾	5尾
淀粉	1大匙

A. | 酒 | 1/2 大匙 |
| --- | --- |
| 盐 | 1/2 小匙 |
| 胡椒粉 | 少许 |

| 馄饨皮 | 10片 |

1. 将甜醋腌生姜中的生姜切成细丝，将韭菜切成碎末。
2. 将摘去外壳和背筋的虾仁抹上淀粉，用流水搓洗干净。清洗干净后，沥去水分。
3. 将剁成粗末的虾肉与步骤1的食材、A调料混合物搅拌均匀后，按等份包入馄饨皮。
4. 在沸水中放入馄饨，煮至馄饨浮在水面上。

美·食

03. 生姜猪肉卷

醋可以让肉片变得格外柔软。
它适合作为便当中的一品料理。

2人份

甜醋腌生姜	80克
洋葱	1/3 个
切成薄片的猪腿肉	6片
面粉	1小匙
油	1/2 小匙
酒	1大匙
八方汁	2小匙

1. 将甜醋腌生姜中的生姜切成细丝，将洋葱切成薄片。
2. 将面粉抹在猪肉上、放上步骤1的食材后，卷成卷儿。
3. 将油倒入平底锅中，用中火加热。将猪肉卷接口处朝下烤制。待外表略泛焦黄后倒入酒，盖上锅盖焖煮6分钟。最后均匀撒上八方汁。

夏

这个季节，在阳光下茁壮成长的蔬菜与具有各种风味的佐料大量上市。

对夏日的蔬菜而言，新鲜度就是生命。因此在购买当日烹调制作是一大基本要求。

在身体容易疲倦的炎炎夏日，我们依然可以用腌菜轻松应对一日三餐。

半成品

在冰箱冷藏室中可保存约2周

醋渍蘘荷 *

蘘荷具有独特的香气与味道，可以为酷暑中的你带来片刻清凉。
蘘荷醋汁，既可以直接作为两味主菜之间的小菜，也可以在稍作加工后与其他料理拌在一起。
在醋汁浸泡下变成淡粉色的蘘荷，总能勾起我们的食欲。

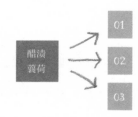

方便制作的分量
蘘荷　10个

A.	鲣鱼海带汁	1/2杯
	米醋	3/4杯
	酒	1/4杯
	盐	1小匙

1. 将A调料混合在一起后，放在锅中煮开。
2. 将蘘荷清洗干净，放在煮沸的水中煮10秒钟。煮好后，趁热浸泡在步骤1的调料混合物中。

＊蘘荷是一种多年生草本植物，根部具有药用价值，广泛分布于我国南方地区。

01. 蘘荷丝盖面

浇盖着大量佐料的挂面是炎炎夏日的最佳开胃便餐。
即使是没有食欲的时候，也能快速吃完。

2人份

醋渍蘘荷中的蘘荷	4个
绿紫苏	4片
拉面	2束
白芝麻	1大匙
A.{ 八方汁	4大匙
水	1杯

1. 将蘘荷、绿紫苏切成细丝。将A调料混合一起后，放入冰箱冰镇。
2. 将挂面煮熟后，用凉水冷却。冷却后，放上蘘荷丝、绿紫苏丝、白芝麻，浇上A调料混合物。

02. 蘘荷烧茄子

这款仿佛是出自法国小镇某家小餐馆的卷心菜咸派，特别有春日的气息。建议作为早餐食用。

2人份

醋渍蘘荷中的蘘荷	4个
茄子	3个
A.{ 八方汁	1大匙
醋	3大匙
水	1大匙
油	2大匙

1. 将蘘荷从纵向对半切开。在茄子表面切出呈格子状的切缝后，从横向对半切开。将切好的茄子浸泡在水中。将A调料混合在一起。
2. 将油倒入平底锅中，用中火加热。待锅变热后，放入茄子，炒至茄子外皮呈黄褐色。
3. 沥干茄子中的油分后，趁热放入A中浸泡。按相同步骤将蘘荷烧至表面呈黄褐色后，放入A中浸泡。
   * 如果腌渍20分钟～1晚，将很美味。

03. 蘘荷佃煮

卷心菜配干萝卜，可以做一道日式家常菜。
吃着有嚼劲的干萝卜，你的心情一定会很好。

方便制作的分量

醋渍蘘荷中的蘘荷	6个
芝麻油	1/2小匙
酒	1/2杯
八方汁	1大匙
白芝麻	适量

1. 将蘘荷切成细丝。
2. 将芝麻油倒入平底锅中，用中火加热，加入蘘荷丝翻炒。
3. 加入酒、八方汁炖煮。煮好后撒上白芝麻。
   * 也可以使用因过度浸泡而变酸的醋渍蘘荷。

汤汁腌毛豆

毛豆是兼备大豆和蔬菜之美味的夏季经典食材。
只要放入平底锅中简单一煮，便能闻到香味。
提前做好的汤汁腌毛豆，既可以做混合饭，又可以放入煎鸡蛋中，用起来十分方便。

方便制作的分量

毛豆（带豆荚）		300克
A.	鲣鱼海带汁	2杯
	酒	1/2杯
	盐	1小匙

1. 带壳煮毛豆，煮好后趁热剥去外壳。
2. 将A混拌起，放入锅中煮开。
3. 用大火加热平底锅，放入毛豆。煮至毛豆外表略泛焦黄后，加入步骤2的调料混合物腌渍。

汤汁腌
毛豆

在冰箱冷藏室中可保存约5日

美食

01. 毛豆拌冬瓜

只需将加盐揉搓的冬瓜与毛豆快速混拌一起，即可食用。
看似有些清淡，实际上非常美味。

2人份

汤汁腌毛豆	3大匙
冬瓜	1/8个
盐	1小匙

1. 将冬瓜去皮、切成2毫米厚的小片后，撒上盐腌渍约10分钟。
2. 将沥去水分的冬瓜与汤汁腌毛豆拌在一起。如果条件允许，可以放上切成薄片的红辣椒。

美食

02. 虾末毛豆团子

这是一品口感细腻、富有弹性的日式团子。
建议将其作为喝啤酒时的下酒菜、便当料理。

2人份

汤汁腌毛豆	2大匙
虾	8尾
淀粉	2大匙
洋葱	1/2个
鸡蛋	1/2个
酒	1小匙
盐、胡椒粉	各少许
芝麻油	1小匙

1. 摘除虾的外壳和背筋后，抹上1大匙淀粉。用流水搓洗干净后，沥去水分。
2. 用菜刀将沥干水分的虾拍成粗末后，与切成细丝的洋葱、鸡蛋、剩余的淀粉、汤汁腌毛豆混拌一起，并加入盐、胡椒粉调味。
3. 将芝麻油倒入平底锅中，用中火加热。用汤匙抄取适量步骤2中的混合物，放入锅中煎制。待两面烧至恰到好处时，即可出锅。

美食

03. 冰镇毛豆豆浆汤

炎炎夏日，豆浆类饮品最易下肚。
将毛豆融入豆浆中，更能衬托出毛豆的香味。

2人份

汤汁腌毛豆（含汤汁）	1杯
洋葱	1/3个
盐	1/2小匙
酒	1大匙
水	1/2杯
豆浆（普通成分）	2 1/2杯
鲜奶油	2大匙

1. 将汤汁腌毛豆、切成薄片的洋葱、盐、酒、水放入锅中约煮12分钟。
2. 闭火后，加入豆浆、鲜奶油。用搅拌机将其搅拌润滑后过滤。
3. 放入冰箱冷藏室中冰镇。

自制干番茄

在炎炎烈日烤晒下的番茄，红得动人。
选择在烈日下暴晒，可以紧紧锁住美味。
请选择紧致而有光泽、尚未完全成熟的小番茄。

方便制作的分量

小番茄	20个
盐	1小匙

1. 将小番茄从横向对半切开、撒上盐后，放入 110℃的烤箱中烤制约1小时。
2. 将烤好的小番茄排列在笊篱上后，放在通风良好的地方晾晒 4~5 天（夜里拿进屋内，仅最后一晚放在外面吸收夜露）。

在冰箱冷藏室中可保存约3个月

自制干番茄

01
02
03

01. 干番茄卷煎烧

"卷煎烧"是一种将豆腐末、鸡蛋和蔬菜放在一起煎炒的料理。

加入干番茄的卷煎烧，口感更加新鲜。

2人份

干番茄	10个
豆腐	1/2块
洋葱	1/3个
莲藕	3厘米
鸡蛋	1/2个
八方汁	1小匙
酒	1小匙
芝麻油	1/2小匙

1. 沥干豆腐的水分，将洋葱切成碎末。将莲藕切成小丁，放入水中浸泡，捞起后沥干水分。
2. 将芝麻油以外的所有食材和调料均匀混拌一起。
3. 将芝麻油倒入平底锅中，用中火加热。加入步骤2中的混合物，待煎成块状后盛出。
4. 用卷帘卷好并放置约10分钟后，切成适宜入口的大小。用干番茄和鸭儿芹做点缀。

02. 干番茄煮红扁豆

意大利香醋的浓烈酸味与番茄的甜味是绝好的搭配。

乍一看，还以为是出自南美某某国餐馆的美味料理。

2人份

干番茄	10个
洋葱	1/2个
大蒜	1瓣
橄榄油	少许
红扁豆（水煮）	100克
A. 法式清汤（颗粒）（译注：一种用调味过的高汤或肉汁清汤澄清（使用蛋白去除杂质）后制作的清汤）	1/2小匙
意大利香醋	2小匙
八方汁	1/3小匙
酒	1/4杯
水	1/2杯

1. 将洋葱切成2毫米厚的薄片，将大蒜切成碎末。
2. 将橄榄油倒入锅中，放入大蒜，用中火加热。待闻到香味后，放入洋葱。
3. 待洋葱呈透明状后，加入红扁豆、干番茄、A调料混合物炖煮，煮至汁液消失即可。
4. 加入胡椒粉调味。

03. 鱼露拌干番茄和豆芽

为了让豆芽吃起来有嚼劲，需将豆芽放入开水中焯一遍。这道料理清爽可口，最适宜当夏日夜晚两味主菜间的小菜。

2人份

干番茄	10个
豆芽	100克
生姜	1块
A. 鱼露	1小匙
米醋	2小匙
胡椒粉	少许

1. 将豆芽去除根须后放入开水中焯一遍。焯好后，沥去水分。
2. 趁热将干番茄、切成细丝的生姜、A调料混合物与豆芽混拌均匀。

半成品

绿紫苏调味汁

夏季是佐料之王绿紫苏大量采摘的季节。
想要让叶子保持不变色的新鲜状态，做成调味汁是最佳选择。
将绿紫苏做成调味汁，既可以与日式料理相配，也可以作为西式料理的配料。

在冰箱冷藏室中可保存约10日

方便制作的分量

绿紫苏	20片
米醋	1/2杯
菜籽油	1/2杯
盐	1小匙

1. 将绿紫苏清洗干净后，沥去水分。
2. 将所有调料和绿紫苏放入食品加工机中搅拌。

绿紫苏调味汁

02

01 03

美食

01. 绿紫苏汁拌南瓜

这道料理是南瓜与绿紫苏绝美相配的新发现。
即使是不擅长吃热拌菜的人，也容易吞咽。

2人份

绿紫苏调味汁	3大匙
南瓜	1/4个
八方汁	1小匙

1. 将南瓜去皮、去籽后切成2厘米厚的块状。在锅中加入稍盖过南瓜的水与八方汁，在汁液消失前约煮15分钟。
2. 将绿紫苏调味汁加入锅中搅拌均匀。

夏

【美食】
02. 绿紫苏汁拌萝卜丝
这是一道能与各种料理相配的万能小菜，
无论是日式料理还是西式料理。
当发现桌上还少一盘菜时，不妨考虑它。

2人份
绿紫苏调味汁　2大匙
萝卜　　　　　10厘米长段

将萝卜切成 3 ~ 4 毫米宽的细丝后，与
绿紫苏调味汁混拌一起。

【美食】
03. 绿紫苏汁烧竹荚鱼
紫苏叶的清凉感可以驱散鱼的腥味。
用沙丁鱼、秋刀鱼制作也很美味。

2人份
绿紫苏调味汁　2大匙
竹荚鱼　　　　2尾
油　　　　　　少许
酒　　　　　　1/2大匙
八方汁　　　　1/2小匙

1. 将竹荚鱼切成三片后，抹上绿紫苏调味
   汁。用牙签将两端并在一起。
2. 将油倒入平底锅中，用中火加热。将步骤
   1的食材放入锅中，烧至表面略泛焦黄。
   加入酒和八方汁再约煮5分钟。

罗勒调味汁

罗勒调味汁被经常用于意大利面食中。
由于其味道浓厚，所以将它直接涂抹在面包上也很美味！
每次使用时若加入几滴橄榄油，便能长时间保持漂亮的色泽。

在冰箱冷藏室中可保存约3周
放在冷冻室中则可保存约1个月

* 保存前若用橄榄油覆盖表面，可防止变色

方便制作的分量

罗勒	100克
帕马森干酪	80克
大蒜	3瓣
松子	4大匙
盐	少许
特级初榨橄榄油	3/4杯

1. 将罗勒清洗干净后，沥干水分。
2. 将罗勒、切成1厘米厚块状的帕马森干酪、大蒜、松子、盐、1/2橄榄油放入食品加工机中搅拌。
3. 待搅拌均匀后，加入剩余的橄榄油接着搅拌，搅拌至变成润滑的膏状物即可。

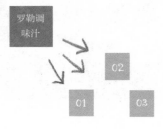

罗勒调味汁

02

01   03

01. 罗勒汁鸡肉卷

罗勒的独特风味可以勾起我们的食欲。
如果将它作为款待客人的料理，估计很招人喜欢。

2人份

罗勒调味汁	2大匙
鸡腿肉	1块
橄榄油	1小匙
酒	2大匙

1. 用菜刀将鸡肉划出切口后，对半平坦展开。
2. 将罗勒调味汁抹在步骤1的食材上，从靠近身体这边开始卷起。
3. 将橄榄油倒入锅中，用中火加热。将鸡肉卷接口处朝下烤制。待表面略泛焦黄后加入酒，盖锅盖约焖煮12分钟。

02. 秋葵炒西兰花

这是一道颇有夏日气息的绿色蔬菜料理。
当感觉蔬菜摄入不足时，不妨享用它。

2人份

罗勒调味汁	3大匙
秋葵	4根
西兰花	1/2个
橄榄油	1小匙
酒	1大匙
胡椒粉	少许

1. 切去秋葵的蒂部后，用盐揉搓。用流水清洗干净后，将其切成等长两段。将西兰花掰成小瓣，放入加了盐的开水中煮2分钟。
2. 将橄榄油倒入锅中，用中火加热，倒入罗勒调味汁。
3. 待罗勒调味汁变热后，加入秋葵、西兰花和酒快速翻炒。最后撒上胡椒粉调味。

03. 罗勒汁拌鹰嘴豆

这道拌菜味道浓厚，是不错的下酒菜。
用红扁豆、大豆制作也很美味。

2人份

罗勒调味汁	2大匙
洋葱	1/3个
鹰嘴豆（水煮）	80克
胡椒粉	少许

1. 将洋葱切成碎末后，放入水中浸泡。
2. 将鹰嘴豆、沥去水分的洋葱、罗勒调味汁拌在一起，撒上胡椒粉调味。

夏

腌黄瓜

如果将盐抹在黄瓜上，
黄瓜的爽脆口感和娇嫩美味就可以得到长期保存。
请选择带小刺、
没有褶子的新鲜黄瓜。

方便制作的分量
黄瓜　4~5根
盐　　2大匙
水　　适量

1. 将黄瓜抹上盐、放在砧板上以用力揉的方式转一
   圈后，切成两半。
2. 将黄瓜放入容器中，让容器的一半体积充满水。

在冰箱冷藏室中可保存约5日

腌黄瓜

↙ ↓ ↘

01　02　03

美·食

01. 腌黄瓜羊栖菜梅干饭

推荐在炎炎夏日食用的经典混合饭。
健康而不油腻，非常美味。

4人份

腌黄瓜	2根	梅干（大）	4颗
羊栖菜（干燥）	15克	白米	2盒（译注：约为1/5升）
		白芝麻	适量

A.｛八方汁　1小匙
　　酒　　　2大匙
　　水　　　1/2杯

1. 将腌黄瓜切成薄片。将羊栖菜泡开后，放在A调
   料混合物中约煮10分钟。将梅干去核、拍扁。
2. 将淘好的米放入锅中煮熟。在米饭中加入步骤1
   的食材并混拌均匀，撒上白芝麻。

美食

02. 青瓜泡菜

所谓"青瓜泡菜"，即黄瓜泡菜。
这是一道可以当场制作的韩式泡菜。

方便制作的分量

腌黄瓜	3根		盐	1/2 大匙
A.	辣椒粉、鱼露 各 2小匙		萝卜	5厘米
			胡萝卜	1/3根
	八方汁 1小匙		生姜	1块
	酒 2大匙		大蒜	1瓣

1. 将A调料混合物放入锅中煮沸。
2. 将腌黄瓜切成两半，从纵向划出切口。
3. 将萝卜、胡萝卜切成细丝后，抹上盐腌渍约10分钟。沥去水分后，与切成细丝的生姜和大蒜、步骤1的调料混合物混拌一起。
4. 将步骤3的食材夹入黄瓜的切口处。

美食

03. 腌黄瓜拌青椒

爽脆、有嚼劲的黄瓜凉拌味稍苦的青椒，
是一品人人都十分喜欢的夏日小菜。

2人份

腌黄瓜	1根
青椒	1个
蘘荷	1个
醋汁	2小匙
白芝麻	适量

1. 将腌黄瓜和青椒切成5毫米厚的薄片，将蘘荷切成细丝。
2. 将步骤1的食材与醋汁、白芝麻混拌一起。

醋渍芹菜

这道醋渍芹菜的酸味比较醇厚。
由于是用鲣鱼海带汁中的醋腌渍，
所以方便与各种日式料理相配。
其爽脆的口感与特有的苦味特别符合大众的口味。

方便制作的分量
芹菜　2棵

A.
- 鲣鱼海带汁　1/2 杯
- 米醋　3/4 杯
- 酒　1/4 杯
- 盐　1 小匙

1. 将去筋的芹菜切成1厘米宽、10厘米长的棒状。
2. 将A调料煮沸后，趁热腌渍芹菜。

在冰箱冷藏室中可保存约10日

醋渍芹菜

01　02　03

美食

01. 芹菜炒面

这是一道备受女性喜爱的清淡炒面。
有助于开胃的酸味是本炒面的独到之处。

夏

2人份

醋渍芹菜	7~8 棵
芹菜叶	1棵芹菜的分量
洋葱	1/3 个
生姜	1块
大蒜	1瓣
中式面条	2袋
油	少许
酒	2大匙
胡椒粉	少许
鸡精（颗粒）	1/2 小匙
白芝麻	适量

1. 将醋渍芹菜和芹菜叶分成3等份。将洋葱切成2毫米厚的薄片。将面条放入开水中焯一遍。
2. 将油倒入平底锅中，用中火加热。将切成细丝的生姜和大蒜放入锅中翻炒。待闻到香味后，放入醋渍芹菜、洋葱、酒、胡椒粉翻炒。
3. 待洋葱呈透明状后，加入面条和鸡精翻炒，最后加入芹菜叶和白芝麻。

02. 芹菜浇豆腐

一品颇有日式风味的芹菜料理。
这种制作做法让素日不起眼的豆腐也显得高
档有品位。

2人份

醋渍芹菜	7-8棵
豆腐	1/2块
小白干鱼	30克
八方汁	1小匙

1. 将醋渍芹菜切成粗碎末。将小白干鱼炒至
   外表略泛焦黄。
2. 将豆腐对半切开后盛入器皿中。将步骤1
   的食材按等份均匀浇在豆腐上，最后撒上
   八方汁。

03. 鱼露风味的芹菜虾仁沙拉

虾仁和芹菜素来是一对经典组合，
如果使用醋渍芹菜，味道更加美味。

2人份

醋渍芹菜	10棵		鱼露	1小匙
虾	8尾	A.	蜂蜜	1/3小匙
淀粉	1大匙		胡椒粉	少许
生姜	1块			

1. 将醋渍芹菜对半切开。
2. 将摘去外壳和背筋的虾抹上淀粉，用流
   水边搓洗干净。沥去水分后，放在开水
   中约煮4分钟。
3. 将步骤1和步骤2的食材、切成细丝的生
   姜、A调料混合物放入碗中搅拌均匀。

番茄酱拌莴苣和鳀鱼

番茄酱拌黄瓜和绿紫苏

番茄酱拌长蒴黄麻和萝卜泥

夏季之珍藏食谱

在夏日阳光下茁壮成长的闪闪发光的番茄，
是这个季节独有的考究食材。
如果将它制作成番茄酱，
既可以拌料理，也可以当做面食的配料、调味汁……
总之，它是我们做饭的好帮手。

🍅 番茄酱

便制作的分量
番茄　2个
洋葱　1/2个
盐　　1小匙

1 将番茄放入热水中去皮后，切成大块。
2 将切成碎末的洋葱抹上1小匙盐后，用流水搓洗干净。洗好后，沥干水分。
3 将步骤1和步骤2的食材与盐均匀地混拌一起。
　＊在冰箱冷藏室中可保存约5日

美食
番茄酱拌莴苣和鳀鱼

番茄酱　3大匙
莴苣　　1/4根
鳀鱼片　1片
橄榄油　1小匙
胡椒粉　少许

1 将莴苣切成适宜入口的大小、将鳀鱼剁碎。
2 将步骤1的食材与番茄酱混拌一起后，加入橄榄油搅拌、最后撒上胡椒粉。

美食
番茄酱拌长蒴黄麻和萝卜泥

番茄酱　　3大匙
长蒴黄麻　80克
萝卜泥　　4厘米长萝卜的分量
橙子汁　　2小匙

1 将长蒴黄麻放入开水中快速煮一下后，切成适宜入口的长度。
2 将长蒴黄麻、萝卜泥、番茄酱、橙子汁混拌一起。

美食
番茄酱拌黄瓜和绿紫苏

番茄酱　3大匙
黄瓜　　1根
绿紫苏　3～4片
醋汁　　1大匙
白芝麻　少许

1 将黄瓜去皮后、斜切成薄片。将绿紫苏切成细丝。
2 将黄瓜、绿紫苏、醋汁混拌一起，撒上白芝麻。

美味的根茎类蔬菜、松软的蘑菇、丰满的果实类蔬菜……秋季是一个食材丰富的季节。在秋季的漫漫长夜里，不妨多做些美味腌菜留做备用吧！

半成品

盐渍蘑菇

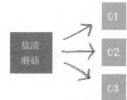
在冰箱冷藏室中可保存约2周

可谓是餐桌上常客的蘑菇，经过水煮后可以用盐腌渍成美味腌菜。既可以直接食用，也可以与其他食材搭配。搭配方法多种多样。如果加入栗子蘑、杏鲍菇等其他菌类食材，也很美味。

方便制作的分量

丛生口蘑	1包（100克）
朴蕈*	1袋（100克）
香菇	5~6个
酒	2大匙
盐	1大匙

1. 去除丛生口蘑的根部后掰成小片。将朴蕈的根部切除后切成两等分。将香菇切成3毫米厚的薄片。

2. 将步骤1的食材放入加了少许盐和酒的开水中约煮1分钟。煮好后，用笊篱捞起，沥干水分。

3. 撒上盐。

*朴蕈是一种很珍惜的蘑菇，为日本长野县特产。

盐渍蘑菇 → 01 02 03

01. 芋芳蘑菇馅

黏糊糊的蘑菇馅，非常美味。
它与口感软糯的芋芳非常相配。

2人份

盐渍蘑菇	1/2杯
芋芳	5~6个
鲣鱼海带汁	2杯
酒	2大匙
淀粉	2小匙

1. 将芋芳去皮后，抹上盐。去除芋芳表面的黏液后，用流水冲洗干净。
2. 用稍盖过芋芳的水将芋芳约煮6分钟。煮好后，用笊篱捞起。
3. 在另一个锅中加入鲣鱼海带汁、酒、盐渍蘑菇和步骤2的芋芳，大约煮8分钟。煮好后，用淀粉勾芡。

02. 蘑菇饭

这是一品利用出自蘑菇的汤汁和咸味制作而成的混合饭。
一掀开锅盖，就能闻到秋日的香味。

4人份

盐渍蘑菇	1杯
白米	2盒（译注：约为1/5升）
生姜	1块
水	380毫升
酒	1大匙

1. **将**腌蘑菇放在笊篱上，沥干水分。
2. 将淘好的米和切成细丝的生姜、盐渍蘑菇、水、酒放入锅中，盖上锅盖，用大火加热。待沸腾后，改用文火再煮15分钟。煮好后，闭火焖煮15分钟（若用电饭锅煮饭，则正常煮即可）。如果条件允许，可用切成碎末且快速煮过的蔓菁叶做点缀。

03. 蘑菇乌冬面

无暇做饭时，推荐大家做蘑菇乌冬面。
可在乌冬面中多加一些七味粉。

2人份

盐渍蘑菇	1/2杯
鲣鱼海带汁	4杯
酒	2大匙
淀粉	2小匙
乌冬面	2团

1. 将盐渍蘑菇放在笊篱上，沥干水分。
2. 将鲣鱼海带汁、酒、腌渍蘑菇放入锅中加热，用淀粉勾芡汤汁。
3. 将乌冬面煮好后，浇上步骤2的混合汤汁。可依个人喜好加入适量七味粉。

甜煮南瓜

一提起南瓜，我就会马上想起这道经典料理。黏黏的味道，真让人回味无穷。
做这道料理的诀窍是，加点蜂蜜，以便让南瓜的甜味更加柔和。
经过油炸可以制作成炸肉饼，经过烘焙则可以制作成奶油乳酪派。

方便制作的分量
南瓜　1/2个

A.	鲣鱼海带汁	2杯
	八方汁	2小匙
	蜂蜜	2小匙
	酒	2大匙

1. 将南瓜的瓤和籽去掉并削去外皮后，切成2厘米厚的块状。

2. 将A调料混合物和南瓜放入锅中，用中火约煮12分钟。

在冰箱冷藏室中可保存约一周

甜煮南瓜 → 01
甜煮南瓜 → 02
甜煮南瓜 → 03

01. 南瓜煮鸡肉末

做好鸡腿肉馅后，快速煮一下即可出锅。
忙碌的时候，或想再添一道料理的时候，可以首选它。

2人份

甜煮南瓜	7~8块
鸡腿肉末	80克
生姜	1块
A. ┌ 八方汁	1/2小匙
├ 酒	1/2杯
└ 水	1/2杯
淀粉	1小匙

1. 将生姜切成碎末后，与A调料混合物一起放入锅中煮沸。加入鸡腿肉末，将其擂碎后约煮5分钟。
2. 加入甜煮南瓜约煮5分钟。最后加入淀粉勾芡汤汁。

02. 南瓜拌大葱

这是一道将大葱和南瓜的甜味融合于一体的软滑细腻的凉拌菜。

2人份

甜煮南瓜	5~6块
芝麻油	1小匙
大葱	1/2根
醋汁	1小匙

1. 将芝麻油倒入平底锅中，用中火加热。放入斜切成薄片的大葱，炒至表面略泛焦黄。
2. 将甜煮南瓜切成7~8毫米厚的小片后，与大葱、醋汁混拌一起。

03. 酱烧南瓜蛎黄

这道料理需将甜煮南瓜当做调味汁放入烤箱中烤制。
它可以让你享受到秋日独有的浓厚美味。

2人份

甜煮南瓜	5块
牡蛎	8个
A. ┌ 大酱	2大匙
├ 酒	2大匙
└ 鸡蛋黄	1个

1. 用萝卜泥或盐将牡蛎清洗干净后，沥干水分。将A调料混合在一起。
2. 将步骤1的牡蛎和用捣具捣成碎末的甜煮南瓜放在烤盘上后，淋上A调料混合物。将烤盘放入180℃的烤箱中烤约20分钟。

腌茄子

颇有体积感的茄子是一种爱吸油的食材。
比起夏日的茄子，秋日的茄子肉质更加紧致，味道更加浓厚。
请选择蒂部有光泽、肉质饱满、未变色的茄子。

方便制作的分量

茄子	4~5 个	
菜籽油	1/4 杯	
A.	米醋	1/2 杯
	酒	1/4 杯
	盐	1 小匙

1. 将去皮后的茄子从纵向撕成6等份，放在水中浸泡。浸泡完后，沥干水分。
2. 将菜籽油倒入平底锅中，用中火加热。待锅底变热后，加入茄子。
3. 待茄子炒至表皮略泛焦黄后，加入A调料混合物。煮沸后，用文火煮至茄子内部入味。

腌茄子

01
02
03

在冰箱冷藏室中可保存约10日

01. 茄子拌秋刀鱼

茄子和秋刀鱼是一对代表秋日味道的经典组合。
在秋刀鱼又肥又便宜的秋季，请一定要制作这道料理。

2人份

腌茄子	4~5个
秋刀鱼	1尾
盐	少许
酸橘汁	1个酸橘的分量
地肤子	1大匙
酸橘（薄片）	适量

1. 将秋刀鱼抹上盐烤制，烤熟后撕成碎片。将腌茄子切成大块。
2. 将步骤1的食材与酸橘汁混拌一起后，盛入器皿中，放上地肤子和酸橘薄片。

02. 芝麻酱拌茄子和蔓菁

这道料理既能品尝到蔓菁的甜味和茄子的
丰富汁液，又能闻到浓浓的芝麻香味。

2人份

腌茄子	4~5个
蔓菁	2个
蔓菁叶	1个蔓菁的分量
A.　芝麻酱	1大匙
八方汁	1小匙
酒	1大匙
水	1/2杯

1. 将茄子切成大块。将蔓菁切成8等份后，与蔓菁叶一起放入开水中快速焯一遍。将蔓菁叶放入水中浸泡一会儿后，切成小片。
2. 将A调料混合一起后，与步骤1的食材混拌一起。

03. 茄子炒油豆腐块

比起生茄子，提前备好的腌茄子，能帮我们省下
很多时间。

2人份

腌茄子	4-5个
油豆腐块（译注：日本一种略炸一层的豆腐块）	1/2块
A.　八方汁	2小匙
酒	1大匙
水	1/2杯

1. 用开水泡一下油豆腐块后，将其切成1厘米宽的方块。
2. 将A调料混合物、油豆腐块、腌茄子放入锅中，用中火约煮8分钟。
3. 盛入器皿中，撒上研磨成粗粉的白芝麻。

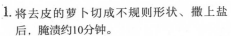

辣萝卜

一到秋日，萝卜就变得又甜又水灵。
做完菜如果有剩余的萝卜，不妨将它做成辣萝卜。
辣萝卜不论是与其他食材搭配，
还是单独食用，都很美味。

在冰箱冷藏室中可保存约1周

方便制作的分量
萝卜　1/2根
盐　　2小匙

A. ┌ 鲣鱼海带汁　1/2杯
　　├ 米醋　　　　1/2杯
　　└ 红辣椒　　　1/2个

1. 将去皮的萝卜切成不规则形状、撒上盐后，腌渍约10分钟。
2. 将A混合在一起后煮沸。
3. 将萝卜沥干水分后，倒入A调料混合物中。

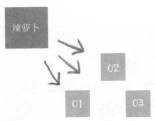

辣萝卜

02

01　03

美·食

01. 辣萝卜炒小松菜

充分腌渍后的萝卜，
可以发挥调味料的作用，用于各种炒菜中。

2人份
辣萝卜　　1/2杯
小松菜　　6棵
芝麻油　　1小匙
酒　　　　1小匙
八方汁　　1/2小匙

1. 将小松菜切成4等份。
2. 将芝麻油倒入平底锅中，用中火加热。将辣萝卜放入锅中翻炒。待萝卜四周浸油后，加入酒和小松菜快速翻炒。
3. 沿着锅壁倒入八方汁。

秋

02. 酸橘蒸萝卜和鲑鱼

切成碎末的辣萝卜，为这道料理增添了几分沙司风味。
酸橘的丰富汁液，让这道料理显得无比清爽。

2人份

辣萝卜	$1/2$ 杯
生鲑鱼	2片
盐	1撮
酸橘	2个
酒	1小匙

1. 将辣萝卜切成粗末。将鲑鱼切成2~3片薄片后抹上盐。将其中1个酸橘榨成汁，另1个切成薄片。
2. 先将鲑鱼放在烤盘上，然后放上萝卜、撒上酒和酸橘汁。将烤盘放入蒸锅中，用大火蒸煮约8分钟。
3. 蒸好后，放上酸橘薄片。

03. 萝卜拌蘑菇

将辣萝卜和腌蘑菇混拌一起，即可做成一道速食料理
萝卜的酸味让这道料理的味道显得格外醇和。

2人份

辣萝卜	1杯
盐渍蘑菇（参照56页）	$1/2$ 杯

1. 将盐渍蘑菇放入笊篱中，沥干水分。
2. 将盐渍蘑菇与辣萝卜混拌一起。

半成品

韩式胡萝卜泡菜

将萝卜切成块状和细丝，既可以享受不同的口感，
又能增加料理的种类。
只要将切好的萝卜放入平底锅中稍稍加热下，
就能享受到比生萝卜更加甘甜的味道。

在冰箱冷藏室中可保存约4日

方便制作的分量

胡萝卜　　2根
盐　　　　1小匙
芝麻油　　1/2大匙

1. 将其中1根胡萝卜切成块状，另1根切成细丝。

2. 撒上盐腌渍10分钟后，沥干水分。

3. 将芝麻油倒入平底锅中，用中火加热。放入萝
   卜块和萝卜丝翻炒约3分钟。

韩式胡萝
卜泡菜

01　02　03

美食

01. 豆腐拌胡萝卜和莲藕

这是一道用两种根茎类蔬菜混拌而成的营
养丰富的豆腐拌菜。
请尽情享受它的爽脆味道吧!

2人份

韩式胡萝卜泡菜（细丝）　1/2根胡萝卜的
分量
莲藕　4厘米长的一段

A.　豆腐　　1/3块
　　芝麻酱　1大匙
　　八方汁　1小匙

白芝麻　适量

1. 将莲藕去皮、切成小长条后，放入醋水
   中浸泡。

2. 将莲藕放入开水中约煮2分钟后，用笊
   篱捞起。

3. 将A调料混合物倒入碗中，搅拌至黏滑
   状。加入韩式胡萝卜泡菜、莲藕混拌。
   盛入器皿中，撒上白芝麻。

02. 胡萝卜烧松伞蘑

一加热，胡萝卜就会变得甜味十足。
可以添加一点有助于提味的香料、孜然芹。

2人份

韩式胡萝卜泡菜（块状）	1/2 根胡萝卜的分量
松伞蘑	6个

A. $\begin{cases} 八方汁 & 1小匙 \\ 酒 & 2小匙 \\ 孜然芹 & 1/2 小匙 \end{cases}$

1. 将松伞蘑摘去根部并清洗干净后，分成4等份。将A调料混拌一起。
2. 将松伞蘑铺在烤肉纸的底部，放上胡萝卜，撒上A调料混合物。将烤肉纸放入平底锅中，用文火烤制约15分钟。

03. 胡萝卜扇贝饼

如果提前制作好韩式胡萝卜泡菜，
在制作扇贝饼时就能轻松许多。

2人份

韩式胡萝卜泡菜（细丝）	1/2 根胡萝卜的分量
大葱	1/2 根
扇贝（可水煮）	5~6个
鸡蛋	2个

A. $\begin{cases} 八方汁 & 1小匙 \\ 酒 & 1大匙 \end{cases}$

芝麻油   1大匙

1. 将大葱斜切成薄片。
2. 将大葱、胡萝卜丝、扇贝、鸡蛋、A调料混合物放入碗中搅拌。
3. 将芝麻油倒入平底锅中，用中火加热。倒入步骤2的混合物，烧至两面略泛焦黄。

秋

红薯泥

热乎乎的甜红薯，既可以做料理，又可以当点心。
如果提前做好红薯泥，在制作炸肉饼或炖菜时便能轻松许多。
请选择没有根须、根部未变黑的红薯。

方便制作的分量
红薯（大）　1个（500克）
盐　　　　　2小匙

1. 将去皮的红薯放入锅中，用稍盖过红薯的水炖
   煮，煮至红薯变软即可。
2. 沥干红薯的水分后，用捣具将其碾碎。撒上盐，
   搅拌均匀。

在冰箱冷藏室中可保存约10日

红薯泥

美食

01. 红薯牛蒡格雷派饼（译注：格雷派饼是一种扁平而小型的法国派饼，上面有一层果酱、果仁、奶油、干酪或肉类等。）

用香喷喷的全麦面粉和鸡蛋烧制而成的格雷派饼，
既可以当早餐食用，也可以做午后的点心。

4-5个
红薯泥　4大匙
牛蒡　　1/3根
A.　鸡蛋　　　1个
　　牛奶　　　4大匙
　　全麦粉　　3大匙
黄油　　1大匙

1. 将牛蒡切成薄片后，放在醋水中浸泡。
2. 沥干牛蒡的水分后，将其与A调料混合物、红薯泥混拌
   一起。
3. 将黄油放入平底锅中，用中火加热。待黄油溶解一半
   后，倒入步骤2的混合物。将混合物烧至两面略泛焦黄
   后，切成适宜入口的大小。

02. 红薯浓汤

这是一品微微发甜的红薯汤。
配料中的牛奶，可以用豆浆代替。

2人份

红薯泥	6大匙
橄榄油	少许
洋葱	1/2个
水	1/2杯
牛奶	2杯

1. 将橄榄油倒入锅中，用中火加热。倒入切成薄片的洋葱翻炒，炒至洋葱稍稍变色。
2. 在锅中加入红薯泥和水。待煮沸后，用搅拌机将混合物搅拌至润滑状态。
3. 将步骤2的混合物返回锅中，倒入牛奶小煮一会儿（不煮沸）。如果条件允许，可以撒上一点核桃碎末。

03. 红薯布丁

渗入布丁中的红薯泥的咸味，
让布丁的甜味显得愈加浓烈。

2人份

红薯泥		4大匙
	鸡蛋	1个
A.	牛奶	1/2杯
	鲜奶油	1/2杯
	蜂蜜	1小匙
用红糖煮成的浓液		4小匙

1. 将红薯泥和A调料混合物放入碗中搅拌均匀。
2. 将用红糖煮成的浓液倒入布丁杯中后，缓缓注入步骤1的混合物。
3. 将布丁杯放入蒸笼中，用中火蒸煮10～15分钟。

冬 | 在冰冷而清澈的空气中积蓄美味能量的冬季蔬菜，
不仅娇嫩甘甜，还富含营养。而这也正是冬季蔬菜的讨人喜欢之处。
结合冬日的特点，我试着制作了一些方便搭配炖汤和炖菜的腌菜。

柚渍白菜

用相容性极好的柚子皮腌渍白菜——冬季蔬菜的典型代表，即可做成柚渍白菜。
请选择白菜叶不太大、没有根须的白菜。
为了能用于各种料理，最好用整张叶子腌渍。

方便制作的分量

白菜　　1/6棵
柚子皮　5厘米宽的
　　　　小块

A. {
醋汁　　5小匙
海带汁　1杯
盐　　　1小匙
}

1. 将白菜放入加了少许盐的开水中约煮1分钟。
   煮好后，沥干水分。将柚子皮切成细丝。
2. 将A混拌一起，倒入步骤1中腌渍2小时以上。

柚渍
白菜 → 01
　　 → 02
　　 → 03

在冰箱冷藏室中可保存约1周

01. 白菜卷

这道料理，用白菜——而非卷心菜——卷制而成。
它的特点是酸味恰到好处，味道温和而不刺激。

2人份

柚渍白菜	6片
洋葱	1/2个
生姜	1块
鸡肉末	100克
鸡蛋	1/2个
盐	1/3小匙

A. { 鲣鱼海带汁 2杯
酒 1/2杯
盐 1/3小匙 }

1. 沥去柚渍白菜的水分。
2. 将洋葱、生姜切成碎末后与鸡肉末、鸡蛋、盐混拌一起。
3. 用白菜卷好步骤2的混合物后，用牙签固定接口处。
4. 将A调料混合物和白菜卷放入锅中，用中火加热。待沸腾后，撇去浮沫，用文火再约煮10分钟。

02. 柚渍白菜汤

这是一道用鸡骨汤炖煮而成的简单美味汤。
从锅中飘溢而出的柚子皮的香味，是冬季独有的奢侈享受。

2人份

柚渍白菜	3片

A. { 鸡骨汤 2 1/2杯
酒 1/4杯
盐 少许 }

1. 将白菜沥去水分、切成1~2厘米宽的小片后，与A调料混合物一起放入锅中约煮5分钟。
2. 盛入器皿中。如果条件允许，可用切成细丝的大葱做点缀。

03. 白菜辣椒意大利面

白菜的爽脆口感与清爽的酸味，
只要尝一次，你便会上瘾。

2人份

柚渍白菜（菜心部分）	4片
大蒜	1瓣
橄榄油	1小匙
红辣椒	1/2个
盐	1/3小匙
胡椒粉	少许

1. 用菜刀的背面将大蒜拍碎。沿着白菜的纹路将白菜切成7~8毫米宽的细条。
2. 将橄榄油、红辣椒、大蒜放入平底锅中，用中火加热。待大蒜开始变色后，加入白菜迅速翻炒。
3. 待白菜变软后，撒上盐和胡椒粉，闭火盛出。

 半成品

海带汁腌牛蒡

冬日的牛蒡具有泥土的独特香味与松脆口感，十分美味。
只需稍煮一下，就能去除它的涩味，让海带汁的美味融入其中。
如果将它切成长条，在制作料理时，就可以切成各种形状。

方便制作的分量

牛蒡　3根

A.
鲣鱼海带汁	3杯
酒	1/4杯
盐	1小匙

1. 将牛蒡去皮、切成相同长度的3段后，放在醋水（分量外）中浸泡。
2. 将A调料混合物、沥去水分的牛蒡放入锅中，用中火炖煮约15分钟后自然冷却。

在冰箱冷藏室中可保存4~5日

海带汁
腌牛蒡

 01

 02

 03

美食

01. 牛蒡拌豆腐渣

乍一看，黄瓜与牛蒡是个奇怪的组合。
但如果拌入豆腐渣，就是绝妙的美味。

2人份

海带汁腌牛蒡	1根
黄瓜	1/2根
豆腐渣	80克
鲣鱼海带汁	1杯
醋汁	1大匙
白芝麻	1大匙
盐	少许

1. 将牛蒡切成3毫米厚的圆片，黄瓜切成3毫米厚的半月形。
2. 将豆腐渣和鲣鱼海带汁倒入锅中，用中火加热，煮至汁液消失为止。
3. 将醋汁、白芝麻加入步骤2的混合物中，待搅拌均匀后，加盐调味。

美食

02. 肉末炒牛蒡和莲藕

加了大量根茎类蔬菜的这道料理，十分有嚼劲。
一道值得推荐的日式下饭菜。

2人份

海带汁腌牛蒡	2根
胡萝卜	1/2根
莲藕	5厘米
油	1/2小匙
猪肉末	50克
A { 八方汁	2小匙
酒	1大匙

1. 将牛蒡、胡萝卜、莲藕切成不规则的形状。
2. 将油倒入锅中，用文火加热。将肉末和胡萝卜放入锅中约翻炒10分钟。
3. 加入莲藕翻炒，炒至莲藕变透明后，加入牛蒡翻炒。
4. 待全体融合成一体后用中火加热，最后加入A调料混合物。盛入器皿中后，如果条件允许，可用经水煮且切成细丝的扁豆做点缀。

美食

03. 牛蒡煮牛肉

牛蒡和牛肉绝对是一对黄金搭档。
如果提前备好腌好的牛蒡，就可以快速完成这道料理。

2人份

海带汁腌牛蒡	2根
油	1/2小匙
生姜	1块
切成薄片的牛肉	200克
酒	1大匙
A { 八方汁	3小匙
水	3/4杯

1. 将牛蒡斜切成薄片。
2. 将油倒入锅中，加入切成薄片的生姜，用中火加热。待闻到香味后，加入牛肉和酒。
3. 待牛肉四周变白后，加入牛蒡和A调料混合物，煮至汁液消失为止。

菜花泡菜

菜花拥有漂亮的象牙色和细腻的甜味。
即使装在瓶中也别有一番韵味的它，是一品让人回味无穷的泡菜。
请选择带叶、茎粗、花蕾坚挺的菜花。

方便制作的分量
菜花　1个

A.
- 白酒醋（用谷物醋也可）1杯
- 水　2杯
- 蜂蜜　1小匙
- 盐　1/3小匙
- 红辣椒　1个
- 胡椒粒　1小匙
- 月桂叶　1片

1. 将菜花分成小瓣后，放入加了少许盐的开水中约煮3分钟。
2. 将A调料混合物煮沸后，趁热腌渍菜花。

在冰箱冷藏室中可保存约1个月

菜花泡菜

01

02

03

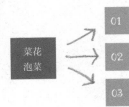

01. 菜花奶汁烤菜

白沙司的奶油味使菜花的甜味和酸味显得更加突出。

2人份

菜花泡菜	10瓣
洋葱	1/2个
红薯（中）	2个
橄榄油	1小匙
白酒	1/4杯
黄油	1/2大匙
低筋面粉	2小匙
牛奶	1杯
鲜奶油	1/2杯
盐、胡椒	各少许
埃文达芝士（用切成薄片的比萨专用芝士也可）	60克

1. 将洋葱切成薄片，去皮后的红薯切成1厘米厚的圆片。

2. 将橄榄油倒入锅中，用中火加热。加入洋葱翻炒，待洋葱变透明后，加入白酒和红薯，盖上锅盖用文火约蒸煮8分钟。

3. 将黄油放入另一个锅中，用文火加热。待黄油融化后，边加入少量低筋面粉边搅拌。待粉状颗粒消失后，一点点加入牛奶。接着加入鲜奶油熬煮，煮至混合物呈现黏稠状。最后加入盐和胡椒粉调味。

4. 将步骤2的混合物、菜花排列在耐热器皿上后，浇盖上步骤3的混合物，放上埃文达芝士。将耐热器皿放入200℃的烤箱中约烤制15分钟。

02. 菜花泥

既可以放在烧好的白肉鱼上，也可以做成汤。
当然，涂抹在长条面包上也非常美味。

方便制作的分量

菜花泡菜	10～15瓣
黄油	50克
A.{ 生奶油	1/4杯
盐	1/3小匙
胡椒粉	少许

1. 将黄油放入小锅中加热，使之融化。

2. 用搅拌机将菜花和A调料混合物搅拌至润滑状态后，一点点加入黄油，并混拌均匀。

＊推荐使用充分腌透的菜花。

03. 菜花拌扁豆

当你想"多吃一些蔬菜"时，可以制作这道凉拌菜。
将经过加热的扁豆和菜花混拌一起，也很美味。

2人份

菜花泡菜	10瓣
扁豆	7～8片
A.{ 芥末	2小匙
菜花泡菜的汁液	2小匙
胡椒粉	少许

1. 将去筋的扁豆放入加了少许盐的开水中约煮2分钟。煮好后，一切为二。

2. 将A混合后，与扁豆、菜花混拌一起。

酱渍山药

在身体容易虚弱的冬季，
请一定把素有"营养宝库"之称的山药搬上餐桌。
如果将它做成日式风味，则更容易与其他食材搭配。
由于味道因腌制方法而异，所以你可以享受各种风味的山药。

在冰箱冷藏室中可保存约1周。

* 由于腌渍4天后山药已十分入味，所以到那时请沥干汁液后保存。

方便制作的分量
山药　1/2根

A.{酱油、酒　各1/2杯

1. 将山药去皮，并切成等长的3段。较粗的山药可以从纵向对半切开。用醋水清洗山药，洗去山药上的黏液。
2. 将A调料混拌一起后煮沸。待其冷却后，用它腌渍山药。

腌山药

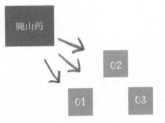

02

01　03

美食

01. 山药汁

由于经过腌渍的山药已十分入味，所以既可以直接将它浇在米饭上，也可以把它当做面条的浇汁。

方便制作的分量

酱渍山药	1根
鸡蛋	1/2个
海带汁	2大匙
碎紫菜	适量

用研钵将酱渍山药捣碎后，加入鸡蛋和海带汁搅拌，搅拌至混合物呈现润滑状。盛入器皿中，用碎紫菜装饰表层。
*建议使用充分腌透的山药。

冬

02. 醋拌山药和裙带菜

爽口松脆的山药配顺滑可口的裙带菜，
是一道口感不错的迷你版料理。

2人份

酱渍山药	1根
裙带菜（干燥）	10克
醋汁	1大匙
白芝麻	1小匙

1. 将山药切成细长条。将裙带菜泡开后，切成适宜入口的大小。
2. 将步骤1的食材与醋汁拌匀，撒上白芝麻。

03. 山药炖鲕鱼

这道料理是鲕鱼炖萝卜的山药版本。
它的美味，让人过口难忘。建议配白米饭食用。

2人份

酱渍山药	1根
鲕鱼	2片
大葱	5厘米
A. 海带汁	1¹/₂杯
酒	1/4杯

1. 将山药切成适宜入口的大小。将鲕鱼切成2～3片薄片后，放入热水中焯一下。
2. 将A调料混合物与步骤1的食材放入锅中，用中火加热，煮至汁液消失为止。
3. 盛入器皿中，将切成细丝的大葱（白丝）点缀其上。

醋渍莲藕

与口感清爽的夏季新莲藕相比，
冬季的莲藕不仅更粗壮些，而且更有味道。
各种形状的莲藕，一定会让你享乐无穷。

在冰箱冷藏室中可保存约1周

方便制作的分量
莲藕　2节
A.
- 鲣鱼海带汁　2杯
- 米醋　1/2杯
- 盐　2小匙

醋渍
莲藕

01　02　03

1. 将莲藕去皮、切成5～6厘米长的小长条后，放入醋水中浸泡。
2. 将A调料混拌一起后煮沸。
3. 将莲藕放入加了少许盐（分量外）的开水中约炖煮2分钟。煮好后，趁热与步骤2的调料混合物混拌一起。

美食

01. 莲藕鸭儿芹混合饭

如果将莲藕和米饭一起煮，
莲藕就会因酸味蒸发而变得清爽可口。

4人份
醋渍莲藕　20块
鸭儿芹　1把
白米　2盒
A.
- 水　380毫升
- 八方汁　1小匙
- 酒　1大匙
- 盐　1撮
白芝麻　1大匙

1. 将鸭儿芹切成2厘米长的小片后，放入冷水中浸泡。将醋渍莲藕一切为二。
2. 将白米、A调料混合物、莲藕放入锅中，盖上锅盖用大火加热。待沸腾后，改用文火。约煮15分钟后，闭火再焖15分钟（若用电饭锅煮饭，则正常煮即可）。
3. 掺入沥干水分的鸭儿芹，撒上白芝麻。

02. 莲藕团子

一品可以让你尽情享受莲藕之松脆感的美味团子。
在醋的滋润下，团子里的肉末也饱含汁液。

2人份

醋渍莲藕	10块	A	鸡蛋 1/2个
大葱	10厘米		八方汁、酒、太白粉
猪肉末	200克		各1小匙
生姜	1块		

1. 将莲藕切成小丁，大葱切成碎末。
2. 将步骤1的食材、肉末、捣成碎末的生姜、A调料混合物放入碗中，搅拌至黏稠状态。
3. 将步骤2的混合物揉成一口能吃下的大小后放入蒸笼中，用大火约蒸煮10分钟（如果条件允许，可以和大葱的绿色部分一起蒸煮）。

03. 莲藕拌茼蒿

一道充分发挥芝麻油作用的韩国风味的热拌菜。
又酸又浓的味道，保你吃完就上瘾。

2人份

醋渍莲藕	7～8块
茼蒿	1/2把
芝麻油	1/2小匙
A 八方汁	2小匙
醋汁	1小匙
松子	1大匙

1. 将醋渍莲藕切成3毫米厚的薄片。将茼蒿切成适宜入口的大小后，放入冷水中浸泡。
2. 将芝麻油倒入平底锅中，用中火加热。放入莲藕翻炒，待芝麻油浸润所有莲藕后，
3. 加入A调料混合物。
   将沥干水分的茼蒿盛入器皿中，放上步骤2的混合物，撒上松子。

冬

腌大葱

用油慢慢煮大葱,
可以增加大葱的甜味和鲜味。
融入了大葱风味的油也特别美味。
请选用富含水分的水灵的大葱。

在冰箱冷藏室中可保存约10日

大葱(白色部分)	6根
菜籽油	1/2杯
盐	2小匙
谷物醋	1/4杯

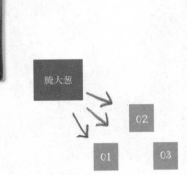

腌大葱

01 02 03

1. 将大葱切成3等份。
2. 将1大匙油倒入平底锅中,用中火加热。加入大葱翻炒,
   待大葱略泛焦黄后,加入剩余的油和盐约煮15分钟。
3. 加入醋约煮5分钟。

冬

美食

01. 大葱汁烧豆腐

这是一道将腌大葱做成调味汁风味的料理。
天气较冷时,它是浇盖在米饭上的绝佳菜肴。

4人份

腌大葱	4根
木棉豆腐	1/2块
油	少许
A. 八方汁	1小匙
酒	2大匙
水	1/4杯
淀粉	1小匙

1. 将腌大葱切成5厘米长的长条。豆腐在沥干
   水分后,先分成4等份,再从厚度方向对半
   切开。
2. 将油倒入平底锅中,用中火加热。放入豆
   腐烧煮,待豆腐略泛焦色后,盛出备用。
3. 将腌大葱和A调料混合物倒入同一平底锅
   中。待煮沸后,用淀粉做勾芡。
4. 将豆腐盛入器皿中,淋上步骤3的混合物。

02. 大葱蒸鳕鱼

腌大葱中的醋可以冲淡鳕鱼的腥味，
让这道料理的味道显得更加清爽。

2人份

腌大葱	4根
鳕鱼	2块
酒	2大匙
盐	1/2小匙

1. 将腌大葱切成薄片。将鳕鱼沥干水分后，切成2等份。
2. 将鳕鱼排列在耐热皿上后，放上大葱，撒上酒、盐。将耐热皿放入蒸笼中，用大火蒸煮约12分钟。

03. 大葱火腿面

这是一品让人百吃不厌的简单面条。
盐量请根据火腿的咸淡程度进行调整。

2人份

腌大葱	5根
大蒜	1瓣
白酒	2大匙
意大利面	200克
生火腿	3~4片
粗黑胡椒粉	少许
帕马森干酪	适量
盐	适量

1. 将腌大葱切成5厘米长的长条。
2. 将大葱、磨碎的大蒜倒入平底锅中，用中火加热。
3. 待闻到香味后，加入白酒。
   将意大利面放入加了盐的开水中炖煮，加入步骤2的混合物。
4. 闭火后，将切成适宜入口的火腿和胡椒粉加入锅中快速混拌。盛入器皿中，撒上磨成碎末的帕马森干酪。

2种生姜饮品

蜂蜜醋煮牛蒡和茄子

鸡肉炒生姜

冬季之珍藏食谱

在这个身体因寒冷而容易缩成一团的季节,
请借助生姜的力量,让身体从肚子开始暖起吧!
如果提前做好蜂蜜腌生姜,只需将它添入红茶或热水中,
便能轻松做好一杯美味饮品。
此外,不论是加入炒菜中,还是用来炖菜,都是不错的选择。

● 蜂蜜腌生姜

方便制作的分量
生姜　　1个
蜂蜜　　350克
醋　　　1/3 小匙

1　将生姜充分清洗后,带皮切成细丝。
2　将生姜放入容器中,加入醋和蜂蜜混拌均匀。
＊在冰箱冷藏室中可保存约1个月

美食

种生姜饮品

蜂蜜姜汁　1杯
将1大匙蜂蜜腌生姜放入玻璃杯中后,加入1/2大匙开水。溶解后,加入1杯碳酸水稍加搅拌。

蜂蜜姜茶
1杯
在杯子中注入适量的红茶后,依据个人口味加入一定量的蜂蜜腌生姜混拌均匀。

美食

蜂蜜醋煮牛蒡和茄子

蜂蜜腌生姜　　1大匙
牛蒡　　　　　1根
茄子　　　　　1个
橄榄油　　　　1小匙
酒　　　　　　1/4 杯
意大利香醋　　1大匙

1　将牛蒡和茄子切成不规则形状后,分别放入水中浸泡。
2　将橄榄油倒入锅中,用中火加热。放入沥干水分的步骤1的食材翻炒。
3　待橄榄油浸润牛蒡和茄子后,加入酒炖煮。煮沸后,加入蜂蜜腌生姜。
4　翻炒5分钟后,加入意大利香醋炖煮,直至煮透为止。

美食

鸡肉炒生姜

蜂蜜腌生姜　　1大匙
鸡腿肉　　　　200克
油　　　　　　少许
酒　　　　　　$2^1/_2$ 杯
八方汁　　　　1小匙

1　将鸡肉去皮后,切成适宜入口的大小。
2　将油倒入平底锅中,用中火加热。加入鸡肉翻炒。
3　当鸡肉四周开始变白后,加入酒、蜂蜜腌生姜翻炒6~7分钟。
4　撒上八方汁。

For more in
collecting, c
w

小贴士

用腌菜制作
甜点

在午后3点的茶点时分或饭后的休息时刻，大家都会想吃点甜食。

在这种时候，如果有可以做成甜点的腌菜，将非常便利。

只用水果汁也能做出
有品位的甜点

加了蜂蜜和朗姆酒的柿子，汁液恰到好处，美味紧紧地浓缩成一体。如果将鲜奶油等味浓的素材与柿子拌在一起，反而能衬托出柿子的清爽，从而形成新的美味。也可以用搅拌机搅拌恢复至室温的奶油乳酪（200克）、鲜奶油（1/4杯）、腌柿子（1/2杯），点缀上核桃碎末上便是一杯十分美味的柿子泥。此外，由腌柿子（1/2杯）、去皮并切成6等份的无花果（3个）、薄荷叶（2片）拌成的甜点，也值得推荐。

腌柿子

方便制作的分量

1　将3个柿子去皮、去籽后，切成7~8毫米厚的小方块。

2　撒入2大匙蜂蜜并腌渍10分钟后，加入2大匙朗姆酒。

草莓酱

方便制作的分量

1　先将去除蒂部的草莓（300克）放入锅中，再加入5大匙蜂蜜和1/2个柠檬榨出的柠檬汁，约腌渍3小时。

2　用大火煮沸后，去除浮沫，转用文火约煮15分钟。

3　加入1大匙杜松子酒，混拌均匀。

草莓酱是制作甜点的经典配料。在果酱中加点酒，瞬间变成大人喜爱的口味

带有酸味的小草莓大量上市的时期，是制作草莓酱的最好时机。如果再加上略带苦味的杜松子酒，不论是直接与奶酪一起食用，还是与猪肉一起炖煮，都非常美味。将6大匙草莓酱和1杯水混拌而成的混合物倒入不锈钢盆中后，放入冰箱中冰镇一段时间（每小时用汤匙搅拌1次，如此反复3次），便能做成美味的沙冰冷饮。此外，将由1/2杯酸奶、1杯牛奶、4大匙草莓酱混拌而成的混合物倒入带冰块的玻璃杯中，也能做成适合早上饮用的酸奶饮品。

第3章

用家常调味料
制作腌菜和米饭

醋、盐、酱油、油、大酱……
我曾尝试用这些厨房中司空见惯的调味料和
备受大家欢迎的盐曲设计"腌菜"类食谱。
不论是乡下老奶奶制作的传统食物，
还是世界各地的保鲜类食物，
很多料理都有效发挥了调味料的作用。
可以说，这些料理凝聚了众人
为延长美味停留时间而作出的努力。
大家在制作一日三餐时，不妨以我设计的这些食谱为范本。

用盐曲制作腌菜

盐曲

用米曲、盐和水混合发酵而成的"盐曲",自古以来便是腌制蔬菜和鱼的好调料。用它腌制食材,不仅可以让食材的口感变得柔和,还能增添几分美味。

盐曲的制作方法(方便制作的分量)

1. 将60克盐(米曲的30%)放入装有1.5杯开水的容器中溶解,并冷却至50~60℃。
2. 加入已用手揉开的200克米曲混拌,在其完全冷却前一直放在常温下。
3. 放入冰箱冷藏室中保存,每日搅拌1次。约1周后,若混合物呈黏糊状,即可食用。

a. 盐曲腌蘑菇

由蘑菇的鲜味与盐曲的咸味搭配而成的这道腌菜很像调味料。请把当季容易入手的多种蘑菇放在一起制作。

方便制作的分量
蘑菇(丛生口蘑、香菇、朴蕈、栗蘑等,可依据个人喜好选择) 200克
盐曲 3大匙

1. 去除带跟蘑菇的蒂部后,用手掰成小片。将香菇切成3毫米厚的小块。
2. 将蘑菇放入沸腾的水中约煮1分钟。用笊篱捞起后,用厨房用纸沥去水分。
3. 稍稍散热后,加入盐曲混拌。

*可马上食用。
放在冰箱冷藏室中可保存约1周

b. 盐曲腌大豆

大豆加米曲,便是我们常说的"大酱"的原料。充分融入了盐曲的咸味和鲜味的大豆,喜爱日式料理的人,一定都非常喜欢。既可以拌入沙拉中,也加入鱼贝料理中。

方便制作的分量
大豆(经过水煮) 250克
盐曲 3大匙

将盐曲撒在大豆上。

*可马上食用。
在冰箱冷藏室中可保存约1周

c. 盐曲腌金枪鱼

用盐曲腌制金枪鱼,不仅可以减少金枪鱼特有的腥味,还能使味道变得醇和。即使选用的是不好部位的鱼肉,也能制作出远超想象的绝佳味道。

方便制作的分量
金枪鱼(生鱼片专用) 200克
盐曲 2大匙

将金枪鱼切成2~3等份后,撒上盐曲。

*在冰箱冷藏室中放置半日后,即可食用。
在冰箱冷藏室中可保存约3日

d. 盐曲腌萝卜

萝卜和盐曲素来是一对黄金搭档,如大家熟悉的用酒曲和盐暴腌而成的咸萝卜,便是最好的例证。如果用饱含水分的冬季萝卜制作,味道更显独特。

方便制作的分量
萝卜 1/2根(约250g)
盐曲 2大匙

将带皮的萝卜切成3毫米厚的圆片后,撒上盐曲。

*在冰箱冷藏室中放置半日后,即可食用。
在冰箱冷藏室中可保存约1周

e. 盐曲腌鸡肉

这里介绍的盐曲腌鸡肉用鸡腿肉制作而成。如果改用较为清淡的胸脯肉,也能腌制得十分入味。盐曲可以使鸡肉变得柔软、多汁。腌好的鸡肉,不论是蒸煮还是炖煮,均很美味。

方便制作的分量
鸡腿肉 2块(约300克)
盐曲 3大匙

将鸡肉切成适宜入口的大小后,撒上盐曲。

*在冰箱冷藏室中放置半日后,即可食用。
在冰箱冷藏室中可保存3~4日

★食材搭配--->P086-087

用盐曲腌蘑菇
柠檬汁拌
盐曲腌蘑菇和干萝卜

这是一道有嚼劲的蘑菇萝卜凉拌菜。
橄榄油配盐曲的美味，只要尝过一次，就会
上瘾。

2人份

盐曲腌蘑菇	100克
干萝卜	20克
柠檬汁	½个
胡椒粉	少许
橄榄油	2小匙

1. 将干萝卜放入装满水的容器中浸泡10分钟后，沥去水分，切成适宜入口的大小。
2. 将干萝卜、盐曲腌蘑菇、柠檬汁、胡椒粉倒入碗中并搅拌均匀后，撒上橄榄油。

用盐曲腌大豆
黄瓜拌盐曲腌大豆

这是一道用橄榄油和西洋醋制作而成的西式风味料理。香气怡人的核桃是这道料理的亮点。

2人份

盐曲腌大豆	100克		白酒醋（醋也可）	1大匙
黄瓜	½根	A.	橄榄油	2小匙
核桃（烤制）	4粒		胡椒粉	少许

1. 将黄瓜切成不规则形状，将核桃碾成粗碎末。
2. 将黄瓜、核桃、A调料混合物、盐曲腌大豆放入碗中混拌。混拌好后，盛入器皿中。如果条件允许，可加入紫甘蓝。

用盐曲腌金枪鱼
盐曲腌金枪鱼拌香味蔬菜

可加入自己喜欢的或家中现有的香味蔬菜。
既可以将这道拌菜和芥末酱、汤汁浇盖在米饭
上，也可以用它制作茶泡饭。无论哪一种，均很
美味。

2人份

盐曲腌金枪鱼	200克
蘘荷	2个
鸭儿芹	6棵

1. 将盐曲腌金枪鱼切成适宜入口的大小。
2. 将蘘荷切成细丝，鸭儿芹切成2厘米长的条状后，与金枪鱼混拌一起。

用盐曲腌萝卜
绿紫苏拌
盐曲腌萝卜和熏鲑鱼

盐曲的盐分是这道料理的唯一调味料。
由于只需在食用前混拌一下，所以它可谓是忙碌
日子里的救星。

2人份

盐曲腌萝卜	150克
熏鲑鱼	80克
绿紫苏	4片
白芝麻	少许

1. 如果熏鲑鱼片较大，可以将其对半切开。
2. 将熏鲑鱼、盐曲腌萝卜与切成细丝的绿紫苏混拌一起后，盛入器皿中，撒上白芝麻。

用盐曲腌鸡肉
鸡肉与莲藕的盐曲汤

一品味道十分浓厚的美味汤。
由于加入了生姜和大葱，所以喝完
后身体就会从内到外暖和起来。

2人份

盐曲腌鸡肉	150克	白芝麻	2小匙
莲藕	50克	水	2¼杯
生姜	½块	酒	2大匙
大葱	10厘米	盐、胡椒粉	各少许

1. 将带皮的莲藕切成2厘米厚的大块后，放入水中浸泡。将带皮的生姜切成2厘米厚的大块。
2. 将生姜和水倒入锅中，用中火加热。待煮沸后，加入盐曲腌鸡肉、酒。边撇去浮沫边等锅再次沸腾。
3. 煮沸后，转用文火约煮8分钟。之后，加入沥干水分的莲藕约煮5分钟。加入盐、胡椒粉调味。
4. 盛入器皿中，撒上切成小圆片的大葱和白芝麻。

用醋制作腌菜

醋

自古以来，具有杀菌作用的醋就被用来腌泡菜、
处理鱼。虽然醋的浓度越高，
食物越易保存，但味道也会随之变得很冲。
因此，应根据想保存的天数调整醋的分量。
用醋腌制食材，
可以增添几分清爽的味道。

a. 醋渍章鱼

醋渍章鱼既可以作为拌菜的配料，也可以直接当下酒菜。或撒上柠檬汁，让汤汁多几分清爽，或与备受大家喜爱的香草一起腌制，让料理增添几分风味。无论哪种，都很美味。

方便制作的分量

煮好的章鱼	300克
盐	1大匙
菜籽油	1/4杯
米醋	1/2杯

1. 将章鱼分割成1～2厘米大的小块后，撒上盐。
2. 将油和米醋混拌一起后，倒入章鱼中。

*在冰箱冷藏室中可保存约1周

b. 醋渍小白干鱼

家中如果有剩余的小鱼，可以提前用醋腌渍好。腌渍好的小鱼可与各种食材搭配，如拌凉菜、制作混合饭等。已融入小鱼鲜味的醋，可以作为调味料用于各种料理中。

方便制作的分量

小白干鱼	100克
盐	1小匙
米醋	适量

1. 将盐撒在小白干鱼上。
2. 将小白干鱼装入容器中，注入稍盖过小白干鱼的醋。

*在冰箱冷藏室中可保存约1周
（可使用不太新鲜的小白干鱼）

c. 醋渍竹荚鱼

由于无需使用海带等食材，所以比起醋渍青花鱼，醋渍竹荚鱼更容易制作。腌制的时间以及醋的多少，可依据个人口味调整。待沥去水分、切成小块、裹上保鲜膜后，可放入冰箱冷冻室中保存。

方便制作的分量

竹荚鱼	2尾
盐	3大匙
米醋	适量

1. 将每条竹荚鱼切成3片后，撒上盐腌渍约2小时。
2. 用足量的醋清洗竹荚鱼上的盐分。清洗完后，盛入器皿中，倒入稍盖过竹荚鱼的醋腌渍约3小时。

*在冰箱冷藏室中可保存约5日

d. 柴渍（译注：日本京都的一种传统腌菜）

这种自家做的新鲜日式泡菜，不仅口感十分爽脆，而且味道也不如市面销售的柴渍那么浓厚。既可以直接作为两味主菜的小菜，也可以作为佐料炖煮料理。在夏季蔬菜大量上市的季节，请一定多腌制一些。

方便制作的分量

黄瓜	1根
茄子	1个
蘘荷	1个
生姜	1块
盐	1小匙
A	醋汁 1¹/2杯 盐 2小匙

1. 将黄瓜、茄子切成4～5厘米长的长条并分成4等份后，将茄子放在水中浸泡。将蘘荷纵向对半切开，生姜则切成薄片。将沥去水分的茄子、黄瓜、蘘荷、生姜混拌一起后，撒上盐腌渍约30分钟。
2. 轻轻甩去步骤2的汁液后，将其放入A调料混合物中腌渍。

*在冰箱冷藏室中可保存约2周

e. 醋渍辣椒

加热后多了几分甜味的肉质饱满的辣椒，味道如同甜食中的水果。如果再加入醋和蜂蜜，则更是一品绝佳的前菜。

方便制作的分量

甜椒（红、黄）	各1个
A	醋汁 1/2杯 蜂蜜 1小匙 盐 1小匙

1. 用火直接将甜椒烤至表皮发黑后，放入冷水中剥去表皮。
2. 将A所有调料混拌一起。
3. 将沥干水分的甜椒切成2厘米长的大块后，放入A调料混合物中腌渍。

*在冰箱冷藏室中可保存约2周

*食材搭配→ P090-091

用醋渍章鱼制作
章鱼冷面

这是一道即使没有食欲也能大口吃完的
沙拉风味的爽口冷面。
建议选用意大利式天使面等较细的面条。

2人份		意大利式实心面	
醋渍章鱼	100克	200克	
橄榄（黑）	7～8颗	盐	适量
大蒜	1瓣	胡椒粉	少许
橄榄油	1大匙	罗勒	适量

1. 将橄榄切成5毫米厚的薄片，将大蒜切
   成碎末。
2. 将意大利式实心面放入加了盐的开水中
   炖煮后，放在水中浸泡，并沥干水分。
3. 将橄榄和大蒜、意大利式实心面、醋渍
   章鱼、橄榄油放入碗中混拌均匀。撒上
   盐、胡椒粉调味，放上罗勒。

用醋渍小白干鱼制作
小白干鱼拌油豆腐块和绿辣椒

一道带有芝麻的香味与小白干鱼的淡淡酸味的日式
家常菜。
如果将油豆腐块和绿辣椒炒至略泛焦色，味道
则更加香浓。

2人份			
醋渍小白干鱼	30克	白芝麻	2大匙
油豆腐块	1/2块	八方汁	1/3小匙
绿辣椒	5～6个		

1. 去除油豆腐块的油分后，将其切成7～8毫
   米宽的小块。将绿辣椒切成等长的两份。
2. 用中火加热平底锅，倒入油豆腐块和绿辣
   椒，炒至食材略泛焦色。
3. 用研钵研磨好白芝麻后，倒入步骤2的食
   材、醋渍章鱼混拌。最后倒入八方汁。

用醋渍竹荚鱼制作

醋渍竹荚鱼沙拉

只要用火迅速烤一下竹荚鱼，
竹荚鱼的味道就会因腥味消失而变得醇和。
只需加入醋、盐和油等调味料。

2人份
醋渍竹荚鱼　2片
特级初榨橄榄油　1大匙
绿叶蔬菜　适量
松子　1大匙
盐　1小匙

1. 将1/2大匙橄榄油倒入平底锅中，用中火加热。将竹荚鱼带皮的那一面朝下放入锅中，烧至其表皮略泛焦色。出锅后，将竹荚鱼切成3～4片薄片。
2. 将综合生菜铺在碗底，放上竹荚鱼，倒入松子、盐、剩余的橄榄油。

用柴渍制作

柴渍杂粮调味饭

用柴渍做调味饭，你或许会觉得很不可思议。
但实际上，柴渍和米饭非常相配。
那清爽的口中余味，相信你也会慢慢上瘾。

2人份

柴渍　1/2杯	酒　1/4杯
洋葱　1/3个	牛奶　1大匙
白米　1盒	帕马森干酪（研磨成
杂粮（燕麦、荞麦、黑	碎末）　1大匙
米、薏米等）　1大匙	橄榄油　1小匙
鲣鱼海带汁　3 1/2杯	盐　少许
	白芝麻　适量

1. 将洋葱、柴渍中的黄瓜和茄子切成粗碎末。
2. 将橄榄油倒入锅中，用中火加热。加入洋葱翻炒，炒至呈透明状后，将快速淘好的白米和杂粮放入锅中，让白米和杂粮与油融合在一起。
3. 将鲣鱼海带汁、酒加入锅中，用木铲一边搅拌，一边用文火约煮20分钟。
4. 将柴渍中的黄瓜和茄子、牛奶、帕马森干酪加入锅中。待煮沸后，加盐调味。
5. 盛入器皿中，放上纵向切成2～3等份的柴渍中的蘘荷，撒上白芝麻。

用醋渍辣椒制作

莎莎酱（译注：是墨西哥菜肴中常用的酱料，一般用番茄和辣椒制作而成。）

这是一品爽口的南国风味酱汁。
或浇在蔬菜上，或涂抹在烤鱼上，
它可以与很多食材搭配食用。

方便制作的分量

醋渍辣椒　1/2杯	红辣椒　1/2个
番茄（中）　1个	大蒜　1瓣

1. 将红辣椒去籽后，放入足量的水中浸泡约1小时，让其变软。将番茄放在热水中去皮，并切成1厘米厚的小块。
2. 将红辣椒切成小片后，放入研钵中磨碎。加入醋渍辣椒、番茄、大蒜，边捣边搅拌。

用盐制作腌菜

盐

具有防腐作用的盐，
可以通过排出食材的水分锁住食材本身的
美味。
经过盐渍的食材可以作为一种咸味调味料，
加入各种料理中调味。
制作的时候，
请选择富含矿物质、
味道鲜美的自然盐。

a. 盐渍鸡肉松

用酒和盐简单煮制而成的鸡肉松的味道，比酱油味的鸡肉松更加清爽。既可以直接浇盖在米饭上，也可以添加炖菜或炒菜中。餐桌上有这道菜，你会觉得很安心。

方便制作的分量

鸡腿肉末	500克
酒	1杯
盐	1大匙

1. 将鸡腿肉末放入锅中，用文火加热。待肉末周围变白后，加入酒。
2. 沸腾后，撒去浮沫。煮至汁液消失后，加入盐。

*在冰箱冷藏室中可保存约5日

b. 泡菜

用盐腌渍蔬菜，可以让蔬菜变得有嚼头。因为用小麦粉做了勾芡，所以当我们食用时，蔬菜和水分已相融于一体。这道小菜口感清爽，很是美味。

方便制作的分量

萝卜	1/2根
胡萝卜	1根
蔓菁	2个
黄瓜	1/2根
盐	1小匙
A: 海带汁	3杯
大蒜	2瓣
生姜	2块
小麦粉	1/2大匙
蜂蜜	2小匙
盐	1小匙
红、绿辣椒	各1个

1. 将萝卜、胡萝卜切成长方块。将蔓菁切成5毫米厚的月牙形。将黄瓜从纵向去皮后，切成8毫米厚的圆片。
2. 将盐撒入步骤1中，腌渍约20分钟。
3. 将A调料混合在一起，并放入锅中煮沸后，用小麦粉勾芡。
4. 轻轻甩去步骤2食材的水分后，将其放入步骤3的调料混合物中腌渍。

*放置约2日后，可食用。
在冰箱冷藏室中可保存约1周

c. 盐渍番茄

只需将番茄切成小块、撒上盐即可。
这样做好的番茄不仅保存时间长，还能变身为美味的番茄酱。或拌沙拉，或涂抹在鱼、肉上，请用它尽情装饰各种料理吧！

方便制作的分量

番茄（大）	2个
盐	1大匙

将番茄切成1厘米厚的小块，撒上盐。

*在冰箱冷藏室中可保存约5日

d. 盐渍绿紫苏

借助盐的力量，可以使保存期较短的绿紫苏长期保存。用盐腌渍绿紫苏的优点是，不仅可以锁住美味，还可以保存香味。

方便制作的分量

绿紫苏	20片
盐	4大匙

1. 将绿紫苏洗干净后，沥干水分。
2. 将绿紫苏和盐交错地放入容器中，最上面一层用盐覆盖。

*在冰箱冷藏室中可保存约2个月

e. 盐渍猪肉

用盐腌熟的五花肉块，味道比普通猪肉更加浓厚。盐渍猪肉是一种既可以用来炒菜、做汤，又可以直接炖煮的万能食材。

方便制作的分量

五花肉块	500克
盐	1大匙

将五花肉块撒上盐后，用防水纸或厨房用纸包好，放入冰箱冷冻室冷冻一晚。

*在冰箱冷藏室中可保存约1周

*食材搭配--> P094-095

用盐渍鸡肉松制作
梅干拌鸡肉松和芹菜
快速翻炒松脆爽口的芹菜与具有梅干风味的鸡肉松，便做成了一道爽脆可口的日式拌菜。

2人份

盐渍鸡肉松	3大匙	酒	1大匙
芹菜	1/2棵	油	1小匙
梅干	1个		

1. 将芹菜切成适宜入口的大小后，浸泡在冷水中。
2. 将油倒入平底锅中，用中火加热。将盐渍鸡肉松放入锅中翻炒，待油浸润鸡肉松后，加入梅干边用铲子拆梅肉边翻炒。取出梅干核。
3. 改用大火加热，加入沥去水分的芹菜快速翻炒。

用泡菜制作
泡菜拌羊栖菜
只需加入泡开的羊栖菜，
便能让拌菜的味道变得醇和美味。
泡菜拌羊栖菜比泡菜更容易下饭。

2人份

泡菜	1杯
羊栖菜（干燥）	10克
八方汁	1/2小匙

1. 用足够多的水将羊栖菜泡开后，加入开水中约煮1分钟。煮好后，用笊篱捞起。
2. 将泡菜、羊栖菜、八方汁混拌一起。

用盐渍番茄制作

萝卜泥拌鸡胸脯和盐渍番茄

这是一道用涂抹淀粉的鸡胸脯与清爽的盐渍番茄、萝卜泥制作而成的美味拌菜。

2人份

盐渍番茄	1/2杯
鸡胸脯	2块
黄瓜	1/3根
生姜	1块
太白粉	2大匙
萝卜泥	5厘米
长萝卜的分量	
醋汁	2小匙
白芝麻	适量

1. 将鸡胸脯去筋后，切成大块。
2. 将黄瓜和生姜切成细丝。
3. 将鸡胸脯抹上淀粉，放入开水中约煮4分钟。煮好后，快速过一下冷水，用笊篱捞起。
4. 将盐渍番茄、萝卜泥、醋汁、白芝麻、黄瓜、生姜和鸡胸脯混拌一起。

用盐渍绿紫苏制作

茶渍绿紫苏玄米饭团

由玄米的香味与绿紫苏的清爽融合而成的美味，虽然非常清淡，但如果在喝完酒的第二日食用，可以让心情放轻松。

2人份

盐渍绿紫苏	2片
玄米饭	2茶碗
蘘荷	1个
鸭儿芹	适量
鲣鱼海带汁	3杯
白芝麻	适量

1. 用玄米饭做好2个饭团后，将饭团烧至表面略泛焦色。
2. 用盐渍绿紫苏卷好饭团后，放入器皿中。放上切成细丝的蘘荷和鸭儿芹，淋上温热的鲣鱼海带汁，撒上白芝麻。

用盐渍猪肉制作

盐渍猪肉炖水芹

这道炖菜中的花椒香味可以勾起我们的食欲。
在盐渍猪肉的盐分的浸润下，肉和汤都十分美味。
这是一道让人心情愉悦的炖菜。

2人份

盐渍猪肉	200克		水	3杯
水芹	2把	A.	酒	1杯
洋葱	1/2个		花椒	5~6粒

1. 将盐渍猪肉切成1cm厚的大块，水芹切成适宜入口的长度。将洋葱切成5mm厚的薄片。
2. 将盐渍猪肉、洋葱、A调料混合物放入锅中，用中火加热。煮沸后，撇去浮沫，改用文火约煮20分钟。
3. 在食用前放入水芹。

用酱油制作腌菜

酱油

酱油所含的盐分具有预防细菌繁殖的作用。此外，它还有去除食材膻味和提升鲜度的功效。

将带有食材风味的酱油用于其他料理中，也很美味。建议选用颜色深、味道浓厚的酱油。

c. 酱油腌辣椒

不论是腌渍好的辣椒，还是辣椒中的酱油，都可以与各种料理搭配。由于其味道辛辣，所以它是勾起食欲的绝佳料理。

方便制作的分量

青辣椒	3个
酒	1/4杯
酱油	1杯

1. 将未去籽的青辣椒切成小块。
2. 将酒煮至没有酒精味。
3. 用酱油和酒的混合物腌渍青椒。

＊在冰箱冷藏室中可保存1年以上

a. 滑茸

自家做的滑茸比市面上销售的更加爽口，更有嚼劲。既可以将它泡入开水中当汤品饮用，也可以将它与蔬菜混拌一起食用。

方便制作的分量

朴蕈	2袋（约200克）
A 八方汁	2大匙
酒	3大匙

1. 切去朴蕈的根部后，将其切成4等份。
2. 将朴蕈和A调料混合物放入锅中，用文火煮至汁液消失。

＊在冰箱冷藏室中可存放约5日

d. 酱油腌绿胡椒

在绿胡椒大量上市的夏季，可以把它做成腌菜。腌渍好的绿胡椒气味清香，味道清爽。在炖鱼或炖肉时，请一定要加入几粒。

方便制作的分量

绿胡椒	100克
A 酒	1/4杯
酱油	1杯

1. 将绿胡椒快速清洗干净后，沥干水分。将酒煮至酒精消失后，与酱油混拌一起。
2. 将绿胡椒放入加了少量盐的开水中焯一遍。焯好后，趁热倒入调料混合物中腌渍。

＊在冰箱冷藏室中可保存1年以上

b. 八角酱油腌猪肉

将用酱油腌渍好的猪肉风干，可以把猪肉做成肉质紧密的培根风味。中国菜中经常添加的八角，可以让料理的味道显得更加浓厚。

方便制作的分量

五花肉	500克
A 酱油	1/2杯
酒	1/2杯
八角	2个

1. 将A调料混合一起后，倒入猪肉中腌渍一晚。
2. 将猪肉放入笊篱中后，在阴凉处晾放1整天。
3. 用保鲜膜将猪肉包好后，放入冰箱冷藏室中保存。

＊在冰箱冷藏室中可保存约1周（将剩余的汁液煮沸后，可以当调料味使用）

e. 酱油煮蛤仔

经过炖煮的蛤仔是上好的调味料。
若加入酱油，味道则更加浓厚。
这道料理和滑茸一样，
可以泡入开水中当美味汤品饮用。

方便制作的分量

蛤仔（肉身）	300克
A 海带汁	1½杯
酒	1/2杯
八方汁	2大匙

1. 将清洗干净的蛤仔和A调料混合物倒入锅中，用中火煮沸。
2. 加入八方汁，煮至汁液消失。

＊在冰箱冷藏室中可保存约2周

＊食材搭配-->P098-099

用滑茸制作
滑茸干酪鸡蛋卷

这是一道融合了干酪的浓厚味道与滑茸的咸味
的料理!
如果能将中心部位做得松软黏稠,
绝对是一道上档次的料理。

2人份			
滑茸	1杯	牛奶	1大匙
格吕耶尔干酪	50克	油	少许
鸡蛋	2个	黄油	1小匙

1. 将干酪切成2～3毫米厚的薄片后,与鸡蛋、牛奶均匀混拌一起。
2. 将油倒入平底锅中,用中火加热。放入黄油,待黄油融化后,边加入步骤1的混合物,边用筷子或叉子搅拌均匀。待食材半熟后,向内倾斜平底锅,以便让鸡蛋铺展开。最后放上滑茸。
3. 闭火后,敲打平底锅的把儿,让鸡蛋包裹上1/3的滑茸。盛入器皿中后,用厨房用纸摁压出好看的形状。

用八角酱油腌猪肉制作
猪肉花卷

这仿佛是出自中国某个小镇的小吃店的中式
汉堡。
请好好享用热腾腾的花卷吧!

2人份		八角酱油腌猪肉中的汤	
八角酱油腌猪肉		汁	2大匙
200克		淀粉	1小匙
花卷	2个	综合生菜	适量

1. 将八角酱油腌猪肉中的猪肉切成1～1.5厘米厚的大块。
2. 将切好的猪肉倒入平底锅中,用文火慢慢炖。加入八角酱油腌猪肉中的汤汁,用淀粉勾芡。
3. 将花卷放入蒸笼中蒸煮约6分钟。蒸好后,在花卷中部切出切口,夹入生菜和猪肉。

用酱油腌辣椒制作

辣椒炒蒟蒻粉条和猪肉末

粉条与肉末炒在一起，
既顺滑美味又容易吞咽。
用辣椒调味后，十分开胃。

2人份

酱油盐辣椒	2大匙
魔芋丝	100克
猪肉末	50克
芝麻油	1小匙
A.{ 鲣鱼海带汁	1杯
酒	1大匙

1. 用热水快速焯一遍魔芋丝后，用笊篱
   捞起。
2. 将芝麻油倒入锅中，用中火加热。倒
   入肉末翻炒，待肉末周围变白后，加
   入A调料混合物、魔芋丝、酱油腌辣
   椒炖煮。煮至汁液消失后，盛入器皿
   中，浇上适量酱油腌辣椒。

用酱油腌绿胡椒制作

绿胡椒煮秋刀鱼

绿胡椒的清香可以冲淡秋刀鱼的腥味。
这是一道可加入便当或每餐饭食中的经典料理。

2人份

酱油腌绿胡椒	2大匙
秋刀鱼	2尾
A.{ 海带汁	1杯
生姜	1块
酒	2大匙

1. 摘去秋刀鱼的头部和内脏后，用水清洗干
   净。沥干水分后，分成3等份。
2. 将A调料倒入锅中煮沸后，倒入秋刀鱼，盖
   锅盖用文火约煮10分钟。
3. 将酱油腌绿胡椒加入锅中，煮至汁液消失。

用酱油煮蛤仔制作

蛤仔饭

这是一品用蛤仔汁和酱油煮制而成的简单米饭。
如果将米饭煮至出锅巴的程度，则更有一番味道。

4人份

酱油煮蛤仔	150克
海带汁	2杯
白米	2盒

1. 将白米淘好后，放入笊篱中。
2. 将白米、海带汁、酱油煮蛤仔放入锅中后，盖锅盖
   放置约30分钟。
3. 用大火加热，待沸腾后用文火煮15分钟。闭火后再
   焖15分钟（若用电饭锅煮饭，则正常煮即可）。
4. 盛入器皿中。如果条件允许，可用鸭儿芹做点缀。

用油制作腌菜

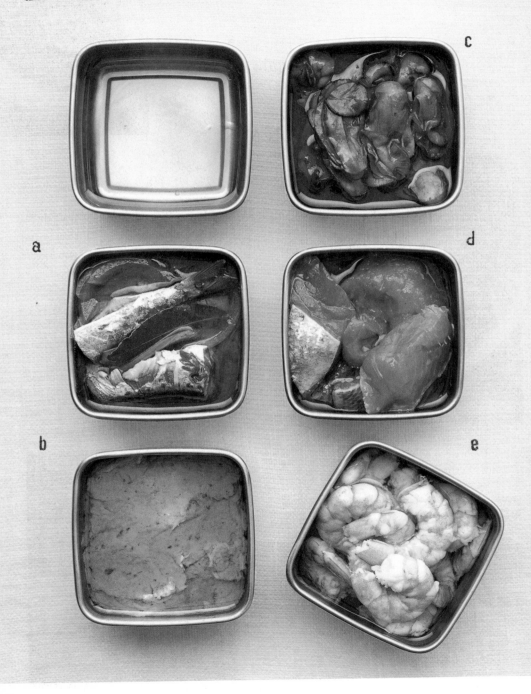

a

c

b

d

e

油

用油腌渍食材，除了可以避免水分蒸发外，还可以防止食材酸化，因为油已将食材与空气隔绝开。也正因为如此，长时间保存食材才能变为可能。用油充分腌渍过的食材，不仅口感好，还能变得更美味。由于腌菜中的油也能增加美味度，所以可以将它添加到料理中。

C. 油渍蛎黄

素有"大海中的牛奶"之称的蛎黄，是一种既营养又美味的食材。用酒、八方汁、蚝油炖煮而成蛎黄，可以用油轻松锁住美味。

方便制作的分量

牡蛎	300克
萝卜泥	1/4 根萝卜的分量
酒	3/4杯
A. 八方汁	1小匙
蚝油	2大匙
菜籽油	1/2杯

1. 用萝卜泥混拌牡蛎，以去除牡蛎中泥沙。用水冲去牡蛎上的萝卜泥后，放入笊篱中沥干水分。
2. 将牡蛎排列在平底锅中，用大火加热。稍煮一会儿后，加入酒。待酒精蒸发后，改用中火，加入A调料混合物，煮至锅内剩1/2汁液。
3. 盛入容器中，倒入菜籽油。

＊在冰箱冷藏室中可保存约2周

a. 油渍沙丁鱼

自己动手制作的油渍沙丁鱼，别有一番味道。或作为三明治的配料，或加入面食中，你可以尽情享受搭配的乐趣。

方便制作的分量

沙丁鱼（小条）	4尾
盐	1小匙
洋葱	1/2个
A. 芹菜叶	1棵
芹菜的分量	
月桂叶	1片
白酒	1/2杯
橄榄油	适量

1. 摘去沙丁鱼的头部和内脏后，用水清洗干净。沥去水分、撒上盐后，对半切开。
2. 将沙丁鱼、切成薄片的洋葱、A调料混合物放入耐热皿中后，倒入稍盖过食材的橄榄油。将耐热皿放入蒸笼中，用大火蒸煮约20分钟。

＊在冰箱冷藏室中可保存约3周

d. 油渍鲑鱼

鲑鱼，可以直接腌渍，也可以在炖煮、切成薄片后腌渍。如果在鲑鱼上放点茴香，一盘北欧风味的料理便做好了。

方便制作的分量

生鲑鱼	2~3块
盐	2小匙
菜籽油	适量

1. 将鲑鱼去除鳞片、削成2~3片薄片。待沥干水分后，撒上盐腌渍。
2. 盛入容器中，倒入稍盖过鲑鱼的油。

＊在冰箱冷藏室中可保存约5日

b. 猪肉酱

这是一种可以涂抹在长条面包上的美味肉酱。我喜欢将它做得清淡些。

方便制作的分量

猪脊肉	300克
洋葱	1/2个
橄榄油	适量
大蒜	1瓣
A. 月桂叶	1片
芹菜叶、荷兰芹梗	1棵的分量
白酒、水	各1½杯
盐	2小匙

1. 将猪肉切成1厘米厚的大块，洋葱切成薄片。
2. 将1小匙橄榄油倒入锅中，用中火加热。放入猪肉，炒至猪肉表面呈黄褐色。
3. 加入洋葱、大蒜、A调料混合物，煮至锅内剩1/3汁液。
4. 夹出锅中的月桂叶后，用搅拌机将锅内所有食材搅拌至润滑状态。加入胡椒粉调味。
5. 盛入容器中后，倒入稍盖过食材的橄榄油。

＊在冰箱冷藏室中可保存约1个月

e. 油渍大虾

这是一道可以让大虾长期保持肉质紧绷状态的腌菜。既可以拌沙拉、卷入春卷中，也可以直接当冷盘食用。

方便制作的分量

虾	12尾
淀粉	1大匙
酒	2大匙
菜籽油	适量

1. 去除虾的背筋和外壳，撒上淀粉。待用流水将虾搓洗干净后，拭去虾表面的水分。
2. 将虾、酒、稍盖过虾的水倒入锅中约煮6分钟。用笊篱捞起后，沥干水分。
3. 盛入容器中，倒入稍盖过虾的油。

＊在冰箱冷藏室中可保存约4日

＊食材搭配---＞P102-103

用油渍沙丁鱼制作
烤沙丁鱼

这是一道用油渍沙丁鱼、番茄、意大利香醋
烤制而成的简单料理。
比起外观，吃起来的味道更加清爽。

2人份		汁	1/2杯
油渍沙丁鱼	2尾	番茄	1/2个
油渍沙丁鱼中的汤		意大利香醋	1大匙

1. 将油渍沙丁鱼及其汤汁、切成1厘米厚小块
   的番茄放在耐热皿上，淋上意大利香醋。
2. 将耐热皿放入已加温至200℃的烤箱中约烤
   制20分钟。

用猪肉酱制作
西葫芦夹肉

充分加热后变得
又甜又饱满的西葫芦，
与汁液丰富的猪肉酱非常相配。

2人份	
猪肉酱	4大匙
西葫芦	2根
盐、黑胡椒粒	各少许

1. 将西葫芦切成7～8厘米长、7～8毫
   米厚的方块。
2. 在西葫芦的其中一面抹上猪肉酱
   后，放上另一片西葫芦。
3. 将夹好猪肉酱的西葫芦摆放在烤锅
   或平底锅中，用中火烤至表面略泛
   焦黄。撒上盐、黑胡椒调味。

用油渍蛎黄制作
萝卜丝拌油渍蛎黄

这是一道由爽脆的萝卜丝与
油渍蛎黄混拌而成的简单拌菜。
请当下酒菜食用。

2人份		萝卜	10厘米的一段
油渍牡蛎	8～10个	盐	1/2 小匙
		白芝麻	适量

1. 将萝卜切成细丝后，撒上盐腌渍约20分钟。
2. 沥干萝卜丝的水分后，与油渍牡蛎、白芝麻
   混拌一起。

用油渍鲑鱼制作
柚子胡椒烤蔓菁和鲑鱼

清香的柚子胡椒（译注：一种以辣椒和柚子为原
料的日本调味料）可以紧紧锁住鲑鱼和蔓菁的
甜味。
鲜美的味道，让人直呼满足。

2人份			柚子胡椒	1小匙
油渍鲑鱼	5～6块	A.	八方汁	1/2 小匙
蔓菁	6个		酒	1大匙
蔓菁叶	1个蔓菁的分量			

1. 将蔓菁切成6等份，蔓菁叶切成4～5厘米长。
2. 将轻轻拭去油分的鲑鱼放入平底锅中，用中火
   加热，烤至两面略泛焦黄。
3. 将蔓菁加入平底锅中，待两面略泛焦黄后，放
   入蔓菁叶和A调料混合物。

用油渍大虾制作
茴香拌大虾和黄瓜

一道用鲜美的虾肉与清新的黄瓜、茴香
混拌而成的美味沙拉。
食用前请蘸取足量的柠檬汁。

2人份			
油渍大虾	7～8尾	生姜	1块
黄瓜	1根	盐	1/2 小匙
茴香	1棵	柠檬汁	1/2 个柠檬的分量

1. 将黄瓜切成不规则形状。将茴香切成碎末，
   生姜切成细丝。
2. 将油渍大虾与黄瓜、茴香、生姜、柠檬汁混
   拌一起。

用大酱制作腌菜

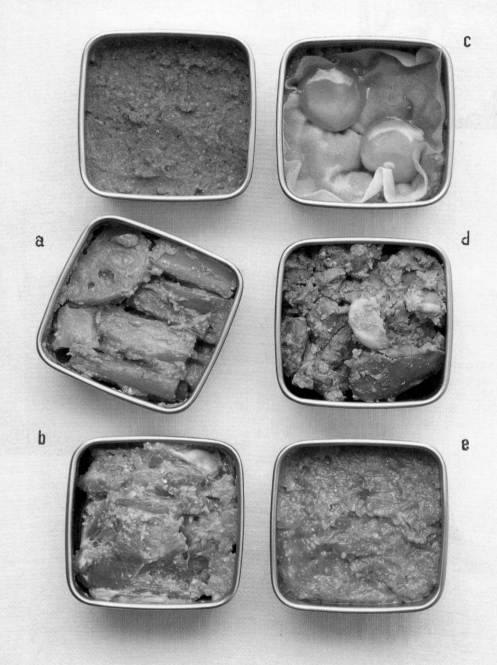

大酱

自古以来便备受日本人喜爱的大酱，
由于味道会逐日变浓，
所以可以依据个人喜好选择哪天从酱缸中取出。
由于大酱的味道会转移至其他食材中，
所以凡是用大酱制作的料理，
味道都很浓厚。

c. 酱渍蛋黄

这道腌菜在腌渍1~2日后食用最可口。
黏稠而浓厚的味道，只要吃一次就会上瘾。
即使将它作为喝日本酒时的下酒菜，也堪称上等料理。

方便制作的分量
蛋黄　4个
大酱　100克

1. 将1/2大酱平铺在容器底部后，铺上剪成容器大小的漂白布蒸笼布，放上蛋黄。
2. 在蛋黄上再铺一层漂白布蒸笼布后，倒入剩余的大酱。

＊在冰箱冷藏室中可保存约1周

a. 酱渍根茎类蔬菜

融入大酱风味的根茎类蔬菜，
别有一番美味。
蔬菜可以在抹去大酱后直接食用，
也可以切成细丝泡饭吃。

方便制作的分量
牛蒡　1根
莲藕　10厘米的一段
胡萝卜　1根
生姜　2块

A{ 大酱　100克
　酒　2大匙

1. 将牛蒡去皮后，切成5～6厘米长的长条。用醋水（分量外）浸泡后，放入开水中约煮10分钟。
2. 将莲藕切成5～6厘米长的方片或1厘米厚的月牙形。用醋水浸泡后，放入开水中约煮1分钟。
3. 将胡萝卜切成5～6厘米长的方片。
4. 将牛蒡、莲藕、胡萝卜、带皮的生姜与A调料混合物混拌一起。

＊在冰箱冷藏室中可保存约10日

d. 酱渍鸡肝

在鸡肝价格合适的季节，可以用大酱将鸡肝制作成腌菜。这也是一道非常适合当下酒菜的料理。
制作酱渍鸡肝时，可以将鸡肝切成薄片后，加入一些蔬菜条。

方便制作的分量
鸡肝　300g
牛奶　适量
A{ 酒　1杯
　水　1杯
　盐　1小匙
大蒜　1/2瓣
大酱　4大匙

1. 将鸡肝放入牛奶中浸泡约15分钟后，用清水洗去牛奶和血。
2. 将A调料混合物、鸡肝、大蒜放入锅中，用中火炖煮约12分钟后，用笊篱捞起。
3. 将大酱均匀地涂抹到鸡肝上。

＊在冰箱冷藏室中可保存约1周

b. 酱渍鸡肉

预先调好味的鸡肉是
制作便当料理时的一大宝物。
其优点是，趁热吃很香，
冷却后吃也很美味。

方便制作的分量
鸡腿肉　2块（约600克）
A{ 大酱　100克
　酒　2大匙

1. 将鸡肉切成4～5厘米长的方块。
2. 将A调料混合一起后，以揉搓的方式涂抹在鸡肉上。

＊在冰箱冷藏室中可保存约1周

e. 酱渍大葱

这是一种万能调味料，
不论是直接放在米饭、面条上，
还是和鱼、肉一起炖煮，都很美味。
请在能大量购买新鲜大葱时制作这道料理。

方便制作的分量
大葱　2根
大酱　100克
酒　1/4杯
油　2小匙

1. 将大葱切成碎末。
2. 将油倒入锅中，用中火加热。将大葱倒入锅中翻炒，待大葱变软后，加入酒和大酱，用文火加热。在汁液消失前约煮8分钟。

＊在冰箱冷藏室中可保存约1个月

＊食材搭配 --➤P106-107

用酱渍根茎类蔬菜制作
豆浆根菜汁

根茎类蔬菜所附带的大酱也是
重要的调味料之一。
请将根茎类蔬菜煮至有嚼头的程度。

2人份		鲣鱼海带汁	1¹/₂杯
酱渍根茎类蔬菜		豆浆（普通成分）	1¹/₂杯
各5～6个		大葱	适量

1. 将酱渍根茎类蔬菜中的生姜削去外皮后，切成细丝。其他根茎类蔬菜则切成色子块。
2. 将鲣鱼海带汁和根茎类蔬菜放入锅中，用中火约煮5分钟。加入豆浆，在沸腾前闭火。
3. 盛入器皿中，撒入切成细丝的大葱。

用酱渍鸡肉制作
蜂蜜拌鸡肉和芝麻菜

如果趁鸡肉还热时拌入芝麻菜，
芝麻菜就会在余热的加温下变得柔软而美味。
请尽情享用这道不错的晚餐主料理。

2人份		
酱渍鸡肉		6块
A.	蜂蜜	2小匙
	酒	1大匙
	水	3大匙
芝麻菜		7～8棵

1. 轻轻抖落酱渍鸡肉上附着的大酱后，将鸡肉放入平底锅中，用中火炒至鸡肉表面略泛焦黄。
2. 加入A调料混合物，用文火炒至鸡肉内部变软。
3. 清洗芝麻菜并沥干水分后，将其切成等长的两段。与步骤2的混合物搅拌一起。

用酱渍蛋黄制作
鸭儿芹拌洋葱 浇上酱渍蛋黄

由于酱渍蛋黄的味道较浓，
所以正好与鸭儿芹、水芹等
天然带有强烈香味的蔬菜相配。

2人份	
酱渍蛋黄	1个
鸭儿芹	1把
洋葱	1/2个
盐	1小匙
醋汁	1小匙

1. 将洗好的鸭儿芹切成4～5厘米长后，用冷水焯一遍。将洋葱切成5毫米厚的薄片、抹上盐后，用流水清洗。洗好后，沥干水分。
2. 将鸭儿芹和洋葱盛入器皿中，浇上酱渍蛋黄和醋汁。

用酱渍鸡肝制作
鸡肝糊

大家熟悉的鸡肝糊，
由于融入了大酱的风味，
所以味道十分醇和。
这是一道不错的下酒菜。

方便制作的分量
酱渍鸡肝　　200克

洋葱	1/2个	法式清汤（固态）	1/2个
黄油	100克	白兰地（红酒也可）	3/4杯
大蒜	1瓣	鲜奶油	1/2杯

1. 轻轻抖落鸡肝上的大酱后，对半切开。将洋葱切成大片。
2. 将20克黄油和大蒜放入锅中，用中火加热。待闻到香味后，加入洋葱翻炒。加入鸡肝、法式清汤块、白兰地，在酒精蒸发、汁液消失前用文火翻炒。
3. 用搅拌器把步骤2的混合物搅拌成糊状后，加入剩余的黄油并搅拌至润滑状态。
4. 一点点地加入鲜奶油，并搅拌至润滑状态。

　　* 在冰箱冷藏室中可保存约10日（煮沸消毒后请放入密封容器中）

大酱
美食

用酱渍大葱制作
酱渍大葱煮青花鱼

喜爱日式料理的人，
一定都喜欢配有大葱、大酱、生姜的料理。
相比烤青花鱼，煮青花鱼的味道更加柔和。

2人份

酱渍大葱	3大匙	生姜	2块
青花鱼（小）	1尾	酒	2大匙
盐	少许	海带汁	1 1/2杯

1. 摘去青花鱼的头部和内脏后，将其切成3片。接着再对半切开，在表皮上切出十字花纹。
2. 将青花鱼放在笊篱上，撒上盐腌渍约20分钟。待盐分渗入鱼肉后，快速用水洗一下，并放入开水中焯一遍。
3. 将其中1块生姜切成细丝后，放入水中浸泡。将另一块生姜切成薄片。
4. 将海带汁、酒、切成薄片的生姜放入锅中，用中火加热。待煮沸后，将青花鱼表皮朝上放入锅中，盖上锅盖用文火约煮5分钟。
5. 加入酱渍大葱后再约煮10分钟。
6. 盛入器皿中，撒上沥干水分的姜丝。

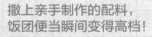

用腌菜制作
便当

腌菜也是制作便当的好帮手。
在繁忙的早晨，有无腌菜，
将决定你的忙碌程度。
请在考虑色彩和营养搭配的基础上，
灵活使用腌菜。

撒上亲手制作的配料，
饭团便当瞬间变得高档！

　　在忙得不可开交的时候，可以制作简单的饭团便当，比如在米饭中混拌梅干香菇（参照122页），或在米饭中加入鲣鱼粉（参照122页）、细香葱丝、芝麻等。由于无论哪一种都可以唤起你的食欲，让你大呼满足，所以即使没有主料理，你也不会吃腻。

直接可以放入便当的小菜
是填补便当空隙的
重要配菜

　　如果便当的角落中放有清爽的泡菜和萝卜干，那真让人开心。醋渍蘘荷（参照40页）、辣萝卜（参照62页）、醋渍莲藕（参照76页）等体积较小的腌菜，可以用来填补便当的空隙。

如果预先调好味，
早上忙不开时只需炒一下！

　　食欲旺盛的孩子和男人的便当，需要加入一些可勾起食欲的大分量料理。酱渍鸡肉（参照104页）和盐曲腌鸡肉（参照84页）等腌菜，只需快速炒一下即可盛出。它们因为味道不错，所以很下饭。

只要将各种腌菜搭配一起，便能
解决蔬菜摄入不足的问题

　　比如，如果将腌毛豆（参照42页）和煎鸡蛋组合一起，便能做成一道黄绿搭配的漂亮料理。再比如，当你觉得"最近纤维摄入量不足"时，可以拿出提前做好的海带汁腌牛蒡（参照70页），将牛蒡切成你喜欢的长度。此外，也可以用薄肉片卷上切碎的牛蒡，放入平底锅中烤制。烤制而成的肉卷牛蒡可是一道经典料理哦！

第4章

可激起你做饭欲望的
"三步"料理

在忙得不可开交的时候，你甚至没有时间制作腌菜！
在这种时候，如果你会几道不怎么花时间便能做好的料理，
便能切实感受到它们是你的宝物。
但是，"不怎么花时间"并不等于"偷工减料"。
要想制作出更美味的料理，
我们得在食材的搭配方法和调味料的使用方法上花些精力。
本章节介绍的这些只要做过一次便能记住的简单食谱，
如果能成为你家的经典料理，我将倍感荣幸。

熟莴苣的味道，
完全不同于生莴苣。

豆豉炒猪肉和莴苣

由水灵的新土豆
与清爽的绿紫苏搭配而成。

土豆丝拌绿紫苏

让你吃过一次便上瘾
的香辣牛蒡丝。

生姜炒牛蒡丝

夏季的什锦凉拌菜。
汤汁的美味可以让你大呼满。

鲣鱼干拌茄子和秋葵

柔软的春季卷心菜，
请一定要尝试一下。

卷心菜拌油豆腐块

★制作方法---→ P112-113

豆豉炒猪肉和莴苣

这是一道可以增添体力的炒菜，推荐夏季制作。

加入用黑豆和盐发酵而成的豆豉，可以让味道变得更加柔和。

加热后的莴苣体积会变小，你可以尽情享用。

切成薄片的猪里脊	150克
莴苣	1/2根
大蒜	1瓣
油	少许
酒	2大匙
酱油	1/2小匙

1 将猪肉切成大片。
将莴苣切成适宜入口的大小后，放入冰水中浸泡。

2 将大蒜剁碎，豆豉切成碎末。
将油和大蒜放入平底锅中，用中火加热。待闻到香味后，放入豆豉。

3 待油浸润豆豉后，加入猪肉和酒翻炒。加入沥去水分的莴苣快速翻炒，淋上酱油。

烹饪时间为10分钟

土豆丝拌绿紫苏

吃下爽脆的土豆丝的那一刹那，你或许会以为这是萝卜。

这是又甜又水灵的新土豆才能做出的美味。

新土豆	1个
绿紫苏	4~5片
油	少许
A 醋汁	2大匙
鱼露	1/2小匙
白芝麻	适量

1 将土豆去皮、切成细丝后，放入水中浸泡。将绿紫苏切成细丝。

2 将油倒入平底锅中，用中火加热。放入土豆丝快速翻炒。

3 加入A调料混合物，炒至汁液消失后，拌入绿紫苏，撒上白芝麻。

烹饪时间为7~8分钟

鲣鱼干拌茄子和秋葵

这是一道用夏季蔬菜制作而成的简单料理。
食用它，可以让疲惫的胃休息一下。
若放在第二天食用，可配以芝麻和橙子汁。

茄子	4个
秋葵	5~6根
酒	1/2杯
八方汁	1大匙
鲣鱼干	适量

1　将茄子去皮后，放在水中浸泡。将去除蒂部的秋葵用1/2小匙盐揉搓后，用流水冲洗干净。
2　将茄子、秋葵、酒、八方汁、稍盖过食材的水加入锅中，用中火加热。
3　约煮10分钟后闭火，盛入器皿中。在食用前撒上鲣鱼干（待料理散热后，可放入冰箱冷藏室中冷藏）。

烹饪时间为15分钟

生姜炒牛蒡丝

带有浓浓生姜味的清香牛蒡丝，
可以让你尽情享受当季生姜的美味。
清爽的辣味，非常下饭。

新牛蒡	1根
新生姜	2厘米
芝麻油	少许
酒	2大匙
八方汁	2小匙
白芝麻	适量

1　将牛蒡轻轻刮皮后，切成细丝。将生姜削皮后，切成细丝。
2　将芝麻油倒入小锅中，用中火加热。加入牛蒡丝和生姜丝翻炒。
3　待牛蒡丝和生姜丝变软后，加入酒和八方汁翻炒，炒至汁液消失。盛入器皿中，撒上白芝麻。

烹饪时间为12~13分钟

卷心菜拌油豆腐块

卷心菜和炸花生米是一对经典组合。
这道料理用花生黄油和鱼露调味而成。
其味道新鲜，颇有几分亚洲风味。

卷心菜	1/6个	
油豆腐块	1块	
	花生黄油（无糖）	2大匙
A	鱼露	1小匙
	蜂蜜	1小匙
	醋汁	2小匙

1　将卷心菜切成大片后，放入开水中约煮1分钟。煮好后，用笊篱捞起。
2　将油豆腐块去油后，放入用中火加热的平底锅中翻炒。待豆腐表层略泛焦黄后盛出，切成1厘米宽的方块。
3　将A调料混合一起后，加入卷心菜、油豆腐块混拌。

烹饪时间为10分钟

既适合当下酒菜，
也适合配米饭。

辣椒酱拌芹菜和墨鱼

拌入猪肉，
可以使料理的分量大增。

黑芝麻拌豆芽和猪肉

这道常备菜是我家的经典料理，
常常一做就做很多。

豆腐渣煮大葱

经过炖煮后的鸡肉和蘑菇，
少了刺鼻的醋味，十分美味。

醋煮鸡肉和蘑菇

晚上想小酌两杯时，
我最想做这道料理。

大葱拌油炸豆腐

这道美味汤，
即使是食欲萎靡不振的夏季，
也能轻松喝下。

冰镇梅干汤

＊制作方法--→ P116-117

黑芝麻拌豆芽和猪肉

这道充满芝麻香味的简单拌菜，
由于咸味稍重，所以不论是浇在豆腐上，
还是做面条的浇头，都很美味。

豆芽	1/2袋
切成薄片的猪肉	100克
大蒜	1瓣
黑芝麻	1大匙
盐	1/2小匙
芝麻油	1小匙

1　将豆芽放入足量的开水中焯一遍，让豆芽变柔软。

2　将猪肉切成5毫米宽的小片后，放入沸腾的水中约煮5分钟。煮好后，用笊篱捞起。

3　将豆芽和猪肉混拌一起，趁热拌入研磨成碎末的大蒜、黑芝麻、盐、芝麻油。

烹饪时间为10分钟

辣椒酱拌芹菜和墨鱼

清爽的芹菜和味道浓厚的墨鱼，
是一对经典组合。
辣椒酱的辣味，可以衬托出食材的甜味。

芹菜	1棵
芹菜叶	3～4片
墨鱼（生鱼片专用）	100g
辣椒酱	1大匙
八方汁	1小匙
芝麻油	1大匙

1　将芹菜斜切成薄片，芹菜叶切成碎末。

2　将墨鱼切成5毫米宽的小片后，拌入芹菜和芹菜叶、辣椒酱、八方汁。

3　将用平底锅烧热的芝麻油倒入步骤2中。

烹饪时间为7～8分钟

豆腐渣煮大葱

这道料理加入了大量可以暖身的大葱和生姜。
在家中有豆腐渣的时候，
可以用它做几道常备菜。

豆腐渣	100克
大葱	1/2根
油	少许
鲣鱼海带汁	80毫升
生姜	1块
盐	1小匙

1　用水快速清洗豆腐渣后，沥干水分。将大葱切成细丝，预留出做点缀用的葱丝。

2　将油倒入锅中，用中火翻炒大葱。

3　待大葱变软后，加入豆腐渣、鲣鱼海带汁、研磨成碎末的生姜、盐，煮至汁液消失。

烹饪时间为10分钟

大葱拌油炸豆腐

将丰富的佐料和咸甜口味的汤汁
加入到焦黄酥脆的油炸豆腐中，
即可做成这道美味的下酒菜。

油炸豆腐	2块
萝卜泥	4厘米长萝卜的分量
大葱	10厘米
A 大酱	2小匙
A 蜂蜜	2小匙
A 八方汁	少许

1 将油炸豆腐去油后，分成6等份。将大葱斜切成薄片后，放在水中浸泡。

2 将油炸豆腐放入用中火加热的平底锅中，煮至豆腐呈现焦黄松脆状。

3 将豆腐盛入器皿中，加入萝卜泥、沥干水分的大葱、A调料混合物。

烹饪时间为12~13分钟

醋煮鸡肉和蘑菇

用醋煮制而成的肉，细腻而软滑。
这是一道可以同时享受
醋的酸味和蘑菇的鲜味的美味料理。

鸡腿肉	250克
洋葱	1/2个
蘑菇（香菇、杏鲍菇、丛生口蘑等，可依据个人喜好选择）	100克
橄榄油	少许
大蒜	1瓣
白酒醋	3大匙
白酒	2大匙
八方汁	1小匙
盐、胡椒粉	各少许

1 将鸡肉去皮后，切成大块。将洋葱切成月牙形。将香菇切成5毫米厚的薄片，杏鲍菇从纵向撕成3～4片，将去除根部的丛生口蘑拆成小朵。

2 将橄榄油和切成薄片的大蒜放入平底锅中，用中火加热。待闻到香味后，加入鸡肉和洋葱。

3 待油浸润鸡肉和洋葱后，加入蘑菇、白酒醋、白酒，盖上锅盖约煮6分钟。加入八方汁，用盐和胡椒粉调味。

烹饪时间为15分钟

冰镇梅干汤

这是一道可以品尝到蘘荷的
清爽味和梅干的酸味的美味汤。
如果提前做好汤汁，则不用加热便能做好这道日式冰镇汤。

黄瓜	1根
蘘荷	1个
鲣鱼海带汁（冰镇）	2杯
梅干（约含12%盐分）	1个
八方汁	1/2小匙
生姜汁	1块生姜的分量

1 预留出做点缀用的黄瓜后，将剩余黄瓜切成碎末。将蘘荷切成小片。

2 将用菜刀拍碎的梅干、八方汁加入鲣鱼海带汁中，放入冰箱冰镇。

3 将黄瓜和蘘荷拌入步骤2中，淋上生姜汁。

烹饪时间为10分钟

添加了酥脆猪肉和核桃的
新口味豆腐拌菜。

豆腐拌水芹和酥脆猪肉

只需快速煮一下、拌一下，
即可做成这道清爽的凉拌小菜。

柠檬汁拌卷心菜和小沙丁鱼

这是一品因充分发挥了调味料的作用
而香气四溢的炒菜。

孜然炒胡萝卜

它可以当休息日的早中饭或
饥饿时填饱肚子的美食。

大和芋烤韭菜

可以用鲅鱼或鳕鱼
代替旗鱼制作这道料理。

茄子烧旗鱼

虾干的鲜味，
加深了这道炒菜的味道。

小松菜炒虾干

＊制作方法 ──▶ P120-121

柠檬汁拌卷心菜和小沙丁鱼

略带咸味的小沙丁鱼、酸酸的柠檬汁与
春季新鲜美味的卷心菜，是绝佳美味组合。
建议将卷心菜煮至有嚼头的程度。

卷心菜	1/4个
小沙丁鱼	80克
柠檬汁	1/2个柠檬的
	分量
八方汁	1小匙
切成圆片的柠檬	适量

1　将卷心菜切成大片后，放入沸腾的水
　　中约煮1分钟。煮好后，用笊篱捞起。
2　将卷心菜与小沙丁鱼、柠檬汁、八方
　　汁混拌一起后，盛入器皿中，放上柠
　　檬片。

烹饪时间为5分钟

豆腐拌水芹和酥脆猪肉

虽然水芹一年四季都有，
但唯独春季的水芹香气特别、辣味重。
将水芹与去除油脂的猪肉搭配食用，非常健康。

水芹	1把
切成薄片的猪里脊	100克
核桃	4~5粒
A　白芝麻酱	1大匙
豆腐	1/2块
八方汁	1小匙

1　将水芹切成适宜入口的大小，猪肉切
　　成5毫米宽的小片。
2　将猪肉放入平底锅中，用中火加热。
　　边用厨房用纸吸附油脂，边将猪肉炒
　　至酥脆的程度。
3　用研钵将核桃碾碎，将A混拌一起。
　　加入水芹和猪肉快速混拌。

烹饪时间为15分钟

孜然炒胡萝卜

这是一道可以让你尽情享受
新鲜胡萝卜的甜味的简单料理。
它也可以当肉类料理、鱼类料理的配菜。

胡萝卜	1根
橄榄油	1小匙
大蒜	1瓣
孜然	1大匙
酒	2大匙
盐	1撮
胡椒粉	少许

1　用削皮器从纵向削去胡萝卜的皮。削
　　好后，用菜刀将胡萝卜切成薄片。
2　将橄榄油和碾碎的大蒜放入平底锅
　　中，用中火加热。待闻到香味后，加
　　入孜然。
3　待孜然散发出香味后，加入胡萝卜、
　　酒翻炒，最后加入盐、胡椒粉调味。

烹饪时间为7~8分钟

茄子烧旗鱼

日本人谁都爱吃的烤鱼，
配上颇有体积感的茄子，非常美味。
做这道料理的诀窍是，把旗鱼烤得颜色更深一些、更香一些。

旗鱼	1块
茄子	2个
油	少许
A ┌ 酒	3大匙
└ 八方汁	2小匙
生姜	1块

1　将旗鱼切成2～3等份。将茄子切成1厘米厚的圆片后，放入水中浸泡。

2　将油倒入平底锅中，用中火加热。放入旗鱼，待旗鱼烤至略泛焦黄后将鱼块翻身，加入A调料混合物，用文火炖煮。

3　盛入器皿中，撒上磨成碎末的生姜。

烹饪时间为12~13分钟

大和芋烤韭菜

由黏黏的大和芋（译注：山药的一种）与韭菜烤制而成的这道料理，
好吃得让人欲罢不能。吃完后即有饱腹感，十分耐饿。

大和芋	150克
韭菜	1/2把
生姜	1块
八方汁	1/2大匙
芝麻油	1大匙

1　将大和芋去皮后，研磨成泥状。将韭菜切成2厘米长的条状，生姜切成细丝。

2　将大和芋、韭菜、生姜装在一起后，加入八方汁混拌均匀。

3　将芝麻油倒入平底锅中，用中火加热。倒入步骤2的混合食材，待底面略泛焦黄后翻过来烤制，把两面都烤至恰到好处。烤好后，切成适宜入口的大小。

烹饪时间为10分钟

小松菜炒虾干

翻炒一下即能出锅的炒青菜，
是忙碌时的人气料理。
也可以用青梗菜或豆苗代替小松菜。

小松菜	1/2把
虾干	10g
生姜	1块
油	1小匙
盐	1/2小匙
胡椒粉	少许

1　将小松菜切成4等份后，放入冷水中浸泡。将虾干放入稍盖过食材的开水中约煮5分钟。待虾干泡开后，将其切成碎末。将生姜切成细丝。

2　将油倒入平底锅中，用中火加热。放入生姜丝，待闻到香味后，放入虾干翻炒。

3　待油浸润虾肉后，改用大火加热，加入沥去水分的小松菜快速翻炒，加入盐、胡椒粉调味。

烹饪时间为10分钟

如果有豆类和干菜

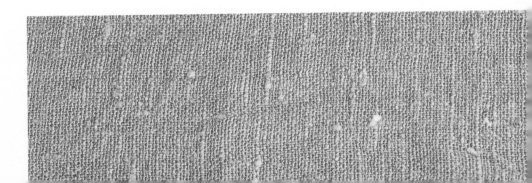

花椒海带

海带（八方汁中的海带）
20厘米长×1片
花椒　　1小匙
白芝麻　2小匙

将海带切成细条后，与花椒、白芝麻混拌一起。

＊在冰箱冷藏室中可保存约2周

》这品小菜中的花椒和芝麻香气怡人，
非常适宜做两道主菜间的小菜。无论
是将其加入豆腐炖锅中，还是拌大
豆、煮青鱼，都非常美味。

鲣鱼海带

海带（八方汁中的海带）
20厘米长×1片
鲣鱼粉　4大匙

将海带切成2厘米长的方块后，撒
上鲣鱼粉。

＊在冰箱冷藏室中可保存约3个月

》如果将其添在米饭或茶泡饭上，你会
高兴地发现，米饭多了几分淡淡的八
方汁风味。建议将其拌入黄瓜或章鱼
醋中。

鲣鱼粉

鲣鱼（八方汁中的鲣鱼）　50克
白芝麻　　　　　　　　　1大匙
用食品加工机将鲣鱼磨成碎末。

＊在冰箱冷藏室中可保存约3个月

》从八方汁中取出的鲣鱼，依然留有鲣
鱼的美味。除了可以做浇头外，可以
凉拌青菜，或做饭团子的配料。

梅干香菇

干香菇（八方汁中的香菇）　3~4片
梅干（含12~13%盐分）　2个
将香菇切成5毫米厚的薄片后，与拆成小
片的梅干肉混拌一起。

＊在冰箱冷藏室中可保存约1个月

》梅干与香菇，是一对非常经典的搭
配。无论是与青鱼一起煎，还是拌
纳豆、当下酒菜，都很美味。

在考虑每日食谱时，如果有一道下饭的常备菜，你
会觉得很心安。在此，我主要介绍如何用汤汁中的
海带和鲣鱼、从过去一直吃到现在的干菜、豆类等
制作腌菜类速食。

122~127页的食谱
均为方便制作的分量

甜煮黑豆

黑豆　250克
蜂蜜　3大匙
酱油　1/2小匙

1 将黑豆清洗干净后，放入稍盖过黑豆的水中浸泡一晚。
2 将黑豆和泡黑豆的水一起放入锅中，用中火加热。煮沸后，撇去浮沫，改用小火煮。
3 加入蜂蜜。为了确保水盖过黑豆，需常常添水。约煮2小时后，加入酱油，闭火冷却。

＊在冰箱冷藏室中可保存约2周

》由于黑豆的甜味适中，所以既可以加入凉拌菜中，也可以拌入米饭中。也可以加入豆浆奶冻等软滑类甜点中。

梅干煮羊栖菜

羊栖菜（干燥）　50克
梅干（含12～13%盐分）　大梅干 3个
　　┌ 八方汁　1大匙
A　│ 酒　　　1/2杯
　　└ 水　　　1/2杯

1 将羊栖菜用水泡开后，用笊篱捞起。
2 将羊栖菜、A调料混合物、拆成小片的梅干、梅干核放入锅中，煮至汁液消失。

＊在冰箱冷藏室中可保存约1周

》既可以拌入米饭和面食中，也可以添入加盐揉搓的黄瓜和煎鸡蛋中。由于梅干核也能逐渐渗出鲜味，所以最好连核一起保存。

鲣鱼海带汁腌青大豆

青大豆 300克

A	鲣鱼海带汁	4杯
	酒	1/2杯
	盐	2小匙
	酱油	2小匙

1 将青大豆快速清洗干净后，放入足量的水中浸泡一晚。

2 将沥去水分的青大豆和A调料混合物放入锅中，用中火加热。沸腾后，边撇去浮沫边用文火约煮20分钟。煮好后，自然冷却。

＊在冰箱冷藏室中可保存约1周

》青大豆比普通黄大豆更容易煮熟。除了可以拌入拌菜、制作豆饭外，还可以将搅拌成泥状的青大豆添入豆浆或牛奶中，制作一品马上可以饮用的美味汤。

鲣鱼海带汁煮高野豆腐

高野豆腐（译注：日本一种把豆腐冷冻后脱水晾干的防腐豆制品） 8块

A	鲣鱼海带汁	4杯
	酒	1杯
	八方汁	1 1/2大匙
	盐	1/2小匙

1 将高野豆腐放入开水中浸泡开后，换3~4次水搓洗。

2 将沥去水分的高野豆腐和A调料混合物放入锅中，用中火加热。待煮沸后，盖上锅盖，用文火约煮30分钟。

＊在冰箱冷藏室中可保存约5日

》由于高野豆腐与酸味十分相配，所以在将其切成小块后可以拌入酸味拌菜中。此外，如果将其与羊栖菜一起泡制，我们便可以享受西式风味小菜的美味。

山葵紫菜

紫菜　1张（共10片）
山葵酱　1大匙
盐　　1/2小匙

A｜鲣鱼海带汁　2½杯
　｜酱油　　　　3大匙
　｜酒　　　　　1/2杯

1 将A调料混合物和撕成2厘米长的海带放入锅中。
2 用文火加热，在汁液消失前约煮15分钟。
3 闭火后，加入山葵酱和盐（山葵酱的量，可依据个人喜好）。

＊在冰箱冷藏室中可保存约3周

》山葵紫菜是米粥和米饭的最佳配菜。市面上销售的山葵紫菜比较甜，而自家做的因为山葵酱比较入味，所以味道比较清爽。也可以使用潮湿的海带。

爽脆干萝卜

干萝卜　100克

A｜鲣鱼海带汁　1杯
　｜醋　　　　　1/2杯
　｜八方汁　　　1大匙
　｜盐　　　　　1/2小匙

1 将干萝卜放入水中揉搓后，放入稍盖过干萝卜的水中浸泡约30分钟。
2 将A调料混合一起后，加入沥去水分的干萝卜中。

＊在冰箱冷藏室中可保存约10日

》因为还未煮透的干萝卜既有嚼头又略带酸味，所以可以当拌菜、泡菜食用。制作成猪肉卷干萝卜，也很美味。

醋渍小
扁豆

油渍鹰
嘴豆

山葵紫菜

爽脆萝
卜干

醋渍小扁豆

小扁豆　200克

	醋	1 1/4杯
	水	1 1/2杯
	白酒	1/2杯
A	蜂蜜	2小匙
	盐	2大匙
	大蒜	1瓣
	月桂叶	1片

1 将小扁豆放入开水中约煮13分钟后，用笊篱捞起，并沥干水分。
2 将A调料混合一起并煮沸后，趁热腌渍小扁豆。

＊在冰箱冷藏室中可保存1个月

》既可以与水芹、芝麻菜一起制作凉拌菜，也可以拌入通心粉。如果将其添入汤或炖菜中，肉在醋的作用下会变得柔软细腻。

油渍鹰嘴豆

鹰嘴豆　150克
盐　　　1大匙
菜籽油　适量

1 将鹰嘴豆清洗干净后，放入水中浸泡一晚。换水后，放入锅中炖煮，煮至鹰嘴豆变软即可。
2 沥去水分后，抹上盐，装入容器中。倒入稍盖过鹰嘴豆的油。

＊在冰箱冷藏室中可保存约2周

》如果用菜籽油腌渍，只要不放入冰箱中冷藏，鹰嘴豆的热乎感就能保存很长时间。可以用来拌沙拉或做炖菜，十分便利。

图书在版编目（CIP）数据

日本名店的经典速食人气食谱 / （日）渡边真纪著；
周志燕译. -- 北京：中国农业出版社，2015.5
ISBN 978-7-109-20340-2

Ⅰ. ①日… Ⅱ. ①渡… ②周… Ⅲ. ①食谱 - 日本
Ⅳ. ①TS972.183.13

中国版本图书馆CIP数据核字(2015)第067661号

Suguni Oishii Sutokku Okazu 228
Copyright © MAKI WATANABE 2012
All rights reserved.
First original Japanese edition published by SHUFU TO SEIKATSU SHA
CO., Ltd. Japan
Chinese (in simplified character only) translation rights arranged with
SHUFU TO SEIKATSU SHA CO., Ltd. Japan through CREEK &
RIVER Co., Ltd. and CREEK & RIVER SHANGHAI Co., Ltd.

本书中文版由渡边真纪和日本株式会社主妇と生活社授权中国农业出版
社独家出版发行。本书内容的任何部分，事先未经出版者书面许可，不
得以任何方式或手段刊载。

北京市版权局著作权合同登记号：图字01-2014-7705号

中国农业出版社出版
（北京市朝阳区农展馆北路2号）
（邮政编码100125）
责任编辑 程燕 吴丽婷

北京中科印刷有限公司印刷 新华书店北京发行所发行
2015年7月第1版 2015年7月北京第1次印刷

开本：710mm×1000mm 1/16 **印张**：8
字数：176千字
定价：28.00元
（凡本版图书出现印刷、装订错误，请向出版社发行部调换）